U0337563

总主编 伍 江 副总主编 雷星晖

何品晶 审 郝丽萍 著

厌氧系统中产甲烷微生态对酸和氨胁迫的响应机制研究

Research on the Response of Methane-producing
Microecology to Acid and Ammonia Stresses
in Anaerobic Systems

同济大学出版社
TONGJI UNIVERSITY PRESS

内 容 提 要

本书主要介绍了在易降解生物质废物的厌氧消化过程中,甲烷化过程易受高浓度有机酸和氨的胁迫,导致厌氧消化过程不稳定、甲烷化效率降低等问题。本书利用稳定碳同位素示踪技术,结合使用特异性甲烷化抑制剂的方法分析甲烷化代谢途径,探究了酸胁迫和氨胁迫下嗜乙酸产甲烷微生态的演变规律,探索和驯化对氨胁迫下微生态的影响及促进甲烷化代谢的效果。

本书可以为广大相关研究学者及同专业的高年级学生作为学习参考之用。

图书在版编目(CIP)数据

厌氧系统中产甲烷微生态对酸和氨胁迫的响应机制研究 / 郝丽萍,何品晶著. —上海:同济大学出版社,2019.5
(同济博士论丛 / 伍江总主编)
ISBN 978 - 7 - 5608 - 6808 - 0

Ⅰ. ①厌… Ⅱ. ①郝… ②何… Ⅲ. ①甲烷化法—应用—固体废物处理—研究 Ⅳ. ①X705

中国版本图书馆 CIP 数据核字(2017)第 058206 号

厌氧系统中产甲烷微生态对酸和氨胁迫的响应机制研究

郝丽萍 何品晶 著

出 品 人	华春荣	责任编辑	陆克丽霞 熊磊丽
责任校对	徐春莲	封面设计	陈益平

出版发行	同济大学出版社	www. tongjipress. com. cn
	(地址:上海市四平路 1239 号 邮编:200092 电话:021 - 65985622)
经 销	全国各地新华书店
排版制作	南京展望文化发展有限公司
印 刷	浙江广育爱多印务有限公司
开 本	787 mm×1092 mm 1/16
印 张	15.5
字 数	310 000
版 次	2019 年 5 月第 1 版 2019 年 5 月第 1 次印刷
书 号	ISBN 978 - 7 - 5608 - 6808 - 0

定 价 98.00 元

"同济博士论丛"编写领导小组

总　序

在同济大学110周年华诞之际,喜闻"同济博士论丛"将正式出版发行,倍感欣慰。记得在100周年校庆时,我曾以《百年同济,大学对社会的承诺》为题作了演讲,如今看到付梓的"同济博士论丛",我想这就是大学对社会承诺的一种体现。这110部学术著作不仅包含了同济大学近10年100多位优秀博士研究生的学术科研成果,也展现了同济大学围绕国家战略开展学科建设、发展自我特色,向建设世界一流大学的目标迈出的坚实步伐。

坐落于东海之滨的同济大学,历经110年历史风云,承古续今、汇聚东西,秉持"与祖国同行、以科教济世"的理念,发扬自强不息、追求卓越的精神,在复兴中华的征程中同舟共济、砥砺前行,谱写了一幅幅辉煌壮美的篇章。创校至今,同济大学培养了数十万工作在祖国各条战线上的人才,包括人们常提到的贝时璋、李国豪、裘法祖、吴孟超等一批著名教授。正是这些专家学者培养了一代又一代的博士研究生,薪火相传,将同济大学的科学研究和学科建设一步步推向高峰。

大学有其社会责任,她的社会责任就是融入国家的创新体系之中,成为国家创新战略的实践者。党的十八大以来,以习近平同志为核心的党中央高度重视科技创新,对实施创新驱动发展战略作出一系列重大决策部署。党的十八届五中全会把创新发展作为五大发展理念之首,强调创新是引领发展的第一动力,要求充分发挥科技创新在全面创新中的引领作用。要把创新驱动发展作为国家的优先战略,以科技创新为核心带动全面创新,以体制机制改革激发创新活力,以高效率的创新体系支撑高水平的创新型国家建设。作为人才培养和科技创新的重要平台,大学是国家创新体系的重要组成部分。同济大学理当围绕国家战略目标的实现,作出更大的贡献。

大学的根本任务是培养人才,同济大学走出了一条特色鲜明的道路。无论是本科教育、研究生教育,还是这些年摸索总结出的导师制、人才培养特区,"卓越人才培养"的做法取得了很好的成绩。聚焦创新驱动转型发展战略,同济大学推进科研管理体系改革和重大科研基地平台建设。以贯穿人才培养全过程的一流创新创业教育助力创新驱动发展战略,实现创新创业教育的全覆盖,培养具有一流创新力、组织力和行动力的卓越人才。"同济博士论丛"的出版不仅是对同济大学人才培养成果的集中展示,更将进一步推动同济大学围绕国家战略开展学科建设、发展自我特色、明确大学定位、培养创新人才。

面对新形势、新任务、新挑战,我们必须增强忧患意识,扎根中国大地,朝着建设世界一流大学的目标,深化改革,勠力前行!

万　钢

2017 年 5 月

论丛前言

　　承古续今，汇聚东西，百年同济秉持"与祖国同行、以科教济世"的理念，注重人才培养、科学研究、社会服务、文化传承创新和国际合作交流，自强不息，追求卓越。特别是近20年来，同济大学坚持把论文写在祖国的大地上，各学科都培养了一大批博士优秀人才，发表了数以千计的学术研究论文。这些论文不但反映了同济大学培养人才能力和学术研究的水平，而且也促进了学科的发展和国家的建设。多年来，我一直希望能有机会将我们同济大学的优秀博士论文集中整理，分类出版，让更多的读者获得分享。值此同济大学110周年校庆之际，在学校的支持下，"同济博士论丛"得以顺利出版。

　　"同济博士论丛"的出版组织工作启动于2016年9月，计划在同济大学110周年校庆之际出版110部同济大学的优秀博士论文。我们在数千篇博士论文中，聚焦于2005—2016年十多年间的优秀博士学位论文430余篇，经各院系征询，导师和博士积极响应并同意，遴选出近170篇，涵盖了同济的大部分学科：土木工程、城乡规划学（含建筑、风景园林）、海洋科学、交通运输工程、车辆工程、环境科学与工程、数学、材料工程、测绘科学与工程、机械工程、计算机科学与技术、医学、工程管理、哲学等。作为"同济博士论丛"出版工程的开端，在校庆之际首批集中出版110余部，其余也将陆续出版。

　　博士学位论文是反映博士研究生培养质量的重要方面。同济大学一直将立德树人作为根本任务，把培养高素质人才摆在首位，认真探索全面提高博士研究生质量的有效途径和机制。因此，"同济博士论丛"的出版集中展示同济大学博士研究生培养与科研成果,体现对同济大学学术文化的传承。

"同济博士论丛"作为重要的科研文献资源,系统、全面、具体地反映了同济大学各学科专业前沿领域的科研成果和发展状况。它的出版是扩大传播同济科研成果和学术影响力的重要途径。博士论文的研究对象中不少是"国家自然科学基金"等科研基金资助的项目,具有明确的创新性和学术性,具有极高的学术价值,对我国的经济、文化、社会发展具有一定的理论和实践指导意义。

"同济博士论丛"的出版,将会调动同济广大科研人员的积极性,促进多学科学术交流、加速人才的发掘和人才的成长,有助于提高同济在国内外的竞争力,为实现同济大学扎根中国大地,建设世界一流大学的目标愿景做好基础性工作。

虽然同济已经发展成为一所特色鲜明、具有国际影响力的综合性、研究型大学,但与世界一流大学之间仍然存在着一定差距。"同济博士论丛"所反映的学术水平需要不断提高,同时在很短的时间内编辑出版 110 余部著作,必然存在一些不足之处,恳请广大学者,特别是有关专家提出批评,为提高同济人才培养质量和同济的学科建设提供宝贵意见。

最后感谢研究生院、出版社以及各院系的协作与支持。希望"同济博士论丛"能持续出版,并借助新媒体以电子书、知识库等多种方式呈现,以期成为展现同济学术成果、服务社会的一个可持续的出版品牌。为继续扎根中国大地,培育卓越英才,建设世界一流大学服务。

伍 江

2017 年 5 月

前　言

在易降解生物质废物的厌氧消化过程中,甲烷化过程易受高浓度有机酸和氨的胁迫,导致厌氧消化过程不稳定、甲烷化效率降低等问题。为解除甲烷化抑制的影响,提高工艺稳定性,需探明产甲烷微生态对胁迫的响应机制。但在目前研究中,厌氧系统内产甲烷微生态胁迫过程中微生物机理的不确定性,使其难以对工艺优化和发展甲烷化抑制解除策略提供科学依据,因此需要进一步系统研究。

嗜乙酸产甲烷微生物菌群,包括乙酸发酵型产甲烷菌、共生乙酸氧化细菌(SAOB)及氢营养型产甲烷菌,是将生物质废物转化为甲烷的关键群体,各类菌群对底物的竞争关系在有机酸、氨和 pH 相互作用形成的胁迫下逐渐改变。为明确胁迫条件下厌氧产甲烷微生态的响应机制,本书利用稳定碳同位素示踪技术,结合使用特异性甲烷化抑制剂的方法分析甲烷化代谢途径,综合运用定量 PCR(qPCR)、荧光原位杂交(FISH)、自动核糖体 RNA 基因间隔区分析(ARISA)和 DNA 稳定碳同位素标记技术(DNA-SIP)结合焦磷酸测序,动态监测嗜乙酸产甲烷微生物菌群的变化,再结合对代谢底物、产物和生态因子的分析,建立了多角度综合表征厌氧产甲烷微生态的创新研究方法体系。基于该研究方法体系,本书分别研究了关键生态因子,包括 pH、乙酸浓度和氨浓度对厌氧产甲烷微生态的影响规律,探究了酸胁迫和氨胁迫下嗜乙酸产甲烷微生态的演变规律,并探索了驯化对氨胁迫下微生态的影响及促进甲烷化代谢的效果。本书的主要研究内容和结论如下:

(1)研究了高浓度乙酸环境中,pH 对产甲烷微生态的影响规律。结果发现,酸性环境下,较低的 pH 降低了甲烷的生成速率。在初始乙酸浓度 100 mmol/L,初始 pH 6.0~6.5 时,甲烷主要通过乙酸发酵型途径产生,氢营养型(也称作 CO_2 还原型)甲烷化途径的比例仅为 21%~22%;而当初始 pH 为 5.5 时,乙酸氧化和氢营养型甲烷化联合途径的贡献显著增加(约为 51%),同时伴随着共生乙酸氧化细菌(SAOB)丰度的升高。初始 pH 5.5 且暴露于甲烷化抑制剂 CH_3F 时,甲烷可以完全通过乙酸氧化联合途径产生。乙酸氧化共生菌群在低 pH 胁迫下,对于乙酸向甲烷的转化起到关键作用;而在碱性环境下(pH>7.5),pH 的提高亦对甲烷化代谢产生显著抑制。pH>8.3 时,乙酸发酵型甲烷化途径完全被抑制,甲烷化主导途径转向氢营养型,说明 SAOB 和共生的氢营养型产甲烷菌对高 pH 胁迫具有更强的耐受性。

(2)研究了乙酸浓度对不同类型嗜乙酸产甲烷微生物菌群的影响。结果发现,乙酸浓度高于 50 mmol/L 时已对乙酸发酵型甲烷化反应产生抑制,pH 的提高(pH>7.5)促进了抑制效应,说明:高乙酸浓度和高 pH 对甲烷化具有协同抑制效应,尤其是对于乙酸发酵型途径。在初始乙酸浓度 50~100 mmol/L 时,营乙酸发酵型途径的甲烷鬃毛菌科 *Methanosaetaceae* 和甲烷八叠球菌科 *Methanosarcinaceae* 始终为优势菌群;而在初始乙酸浓度 150~200 mmol/L 时,随着 pH 的逐渐提高,SAOB 和氢营养型产甲烷菌(包括甲烷微菌 *Methanomicrobiales* 和甲烷杆菌 *Methanobacteriales*)逐渐替代乙酸发酵型产甲烷菌成为优势菌群,说明：高乙酸浓度会促使甲烷化主导途径向乙酸氧化和氢营养型甲烷化的联合反应转变。乙酸氧化共生菌群对高乙酸浓度和高 pH 胁迫具有更强的耐受性，但其代谢乙酸的活力却相对偏低。

（3）研究了氨浓度对中温和高温厌氧产甲烷微生态的影响规律。结果发现，氨对产甲烷反应的抑制程度随其浓度的增加而提高。随着总氨氮浓度（TAN，以 $NH_4^+ - N$ 计）的增加，产甲烷主导途径由乙酸发酵型逐渐转向氢营养型。中温下 TAN＝10～214 mmol/L 和高温下 TAN＝10～357 mmol/L 时，乙酸向甲烷的转化主要通过乙酸发酵型途径进行；中温下 TAN＝357 mmol/L 和高温下 TAN＝500 mmol/L 时，嗜乙酸产甲烷微生物菌群处于不稳定状态，可能通过乙酸发酵型或者共生乙酸氧化和 CO_2 还原型甲烷化联合途径降解乙酸，此时的氨浓度可称为"临界氨浓度"；中温下 TAN＝500～643 mmol/L 和高温下 TAN＝643 mmol/L 时，乙酸发酵型甲烷化途径完全受到抑制，经过较长迟滞期后，乙酸通过共生乙酸氧化产甲烷联合途径被降解。

（4）发现了氨胁迫抑制厌氧产甲烷微生态的关键影响因子。在临界氨浓度下，pH 随着 CH_3COO^- 的消耗逐渐升高，游离氨态氮浓度（FAN，以 $NH_3 - N$ 计）随之增加，中温和高温下 FAN 分别提高至 9～10 mmol/L 和 18～21 mmol/L 时，乙酸发酵型甲烷化途径逐渐受到抑制，产甲烷主导途径开始转向氢营养型，表明 FAN 是产生氨抑制的关键因子。比较不同初始 TAN 的各反应器后发现，产生甲烷化途径转变的初始 FAN 浓度为 5 mmol/L（中温）和 11 mmol/L（高温），低于 FAN 逐渐升高过程中诱发代谢途径转变的浓度。可见，暴露于逐渐增加的氨胁迫下，乙酸发酵型产甲烷菌受到驯化，比突然暴露于高度氨胁迫时展现出了更高的胁迫耐受力。与高温厌氧消化相比，中温厌氧消化系统更容易受到氨的抑制。因此，TAN、pH、温度和微生物驯化是影响氨胁迫程度的关键因子。

(5) 研究了存在和不存在氨胁迫时,高浓度乙酸向甲烷转化的微生物过程机理。在高温氨胁迫(TAN 500 mmol/L)下,产甲烷微生态的响应过程表现为:随着 FAN 逐渐增加,营乙酸发酵型途径的甲烷八叠球菌 *Methanosarcina* sp. 逐渐受到抑制并消失,共生的 SAOB 和甲烷囊菌 *Methanoculleus* sp. 逐渐产生并成为优势种群,通过共生乙酸氧化和 CO_2 还原型甲烷化联合途径形成新的甲烷化中心。而在无氨胁迫时,则始终为营乙酸发酵型途径的甲烷八叠球菌 *Methanosarcina* sp. 占优势;中温氨胁迫(TAN 357 mmol/L)下,产甲烷微生态的响应过程则表现为:甲烷鬃毛菌 *Methanosaetaceae* 受到抑制逐渐消失,甲烷八叠球菌 *Methanosarcina* sp. 以及乙酸氧化共生菌群(SAOB 和氢营养型的甲烷囊菌 *Methanoculleus* sp.)逐渐产生并相互竞争。而在无氨胁迫时,则始终为营乙酸发酵型途径的甲烷鬃毛菌 *Methanosaetaceae* 占优势。

(6) 比较了未驯化和驯化后的产甲烷微生态暴露于氨胁迫时的响应过程差异。基于对产甲烷微生态的动态连续监测,捕捉到了氨胁迫下未驯化微生态的结构重建过程,表现为乙酸厌氧甲烷化代谢的“双峰”模式过程特征,和优势微生物种群及其功能的交替演变。而预先的驯化过程显然削弱了原本占优势的乙酸发酵型产甲烷菌的活力,加速了耐胁迫新生功能菌群的生长和甲烷化中心的建立,也显示了氨对厌氧产甲烷菌具有慢性毒性。

(7) 通过 FISH 技术观测到了不同氨胁迫状态下微生物的空间分布状况。发现微生物的聚集形态对于其胁迫耐受性具有一定影响。颗粒污泥内的细菌和产甲烷菌呈层状分布,从而对处于颗粒内部的甲烷鬃毛菌 *Methanosaetaceae* 产生一定的保护作用,使其在 FAN 高达 14～21 mmol/L 时仍显示了较强的活力。氨胁迫下,产生于液相中共生的 SAOB 和氢营养型产甲烷菌有逐渐聚集形成团簇的趋势,而 *Methanosarcina* sp. 则呈现多细胞聚集式生长。可见厌氧微生物在胁迫状态下倾向于缩短细胞间的距离。

(8) 探索了应用碳同位素标记技术鉴别氨胁迫下优势微生物种群及其功能的方法。发现在使用 DNA - SIP 技术时,需尽量将取样时间控制在培养过程中前期。培养时间过长,则微生物间的交互营养可对功能微生物种群的判断产生干扰。在利用碳同位素标记方法识别乙酸的代谢途径时,发现与 SAOB 合作的氢营养型产甲烷菌所利用的无机碳来源于其生存环境,而并非仅来自乙酸氧化反应。因此,定量分析时需考虑外源性无机碳的"稀释效应"。

目　录

缩写词对照表

缩　写	英 文 全 名	中 文 名
ACS	acetyl-CoA synthases	乙酰辅酶 A 合成酶
AM	acetoclastic methanogenesis	乙酸发酵型甲烷化途径
AMS	acclimatized mesophilic sludge	驯化的中温污泥
ATS	acclimatized thermophilic sludge	驯化的高温污泥
ARISA	automated ribosomal intergenic spacer analysis	自动核糖体 RNA 基因间隔区分析
ASBR	anaerobic sequenced batch reactor	序批式厌氧生物反应器
BMSW	biomass-origin municipal solid waste	城市生活垃圾中的生物质废物
DNA-SIP	stable isotope probing of DNA	稳定碳同位素 DNA 标记技术
f_{mc}	fraction of hydrogenotrophic methanogenesis	氢营养型甲烷化途径生成的甲烷的比例
FA	free ammonia	游离态氨分子
FAN	free ammonium nitrogen	游离氨态氮
FISH	fluorescence in situ hybridization	荧光原位杂交技术
FTHFS	formyltetrahydrofolate synthetase	甲酰四氢叶酸合成酶
HM	hydrogenotrophic methanogenesis	氢营养型甲烷化途径
LCFA	long chain fatty acid	长链脂肪酸
MCS	mesophilic chinese sludge	取自中国的中温厌氧污泥

缩　写	英　文　全　名	中　文　名
MCR	methyl-coenzyme-M-reductase gene	甲基辅酶 M 还原酶
MFS	mesophilic french sludge	取自法国的中温厌氧污泥
MSW	municipal solid waste	城市生活垃圾
NAMS	non-acclimatized mesophilic sludge	未驯化的中温污泥
NATS	non-acclimatized thermophilic sludge	未驯化的高温污泥
P	maximum CH_4 production potential	最大产甲烷潜力
PBS	phosphate buffer solution	磷酸盐缓冲溶液
qPCR	quantitative PCR	定量 PCR 技术
SAO	syntrophic acetate oxidation	共生乙酸氧化
SAOB	syntrophic acetate oxidizing bacteria	共生乙酸氧化细菌
SAO-HM	syntrophic acetate oxidation coupled with hydrogenotrophic methanogenesis	共生乙酸氧化和氢营养型产甲烷联合途径
TAN	total ammonium nitrogen	总氨态氮
TCS	thermophilic chinese sludge	取自中国的高温厌氧污泥
TIC	total inorganic carbon	总无机碳浓度
TOC	total organic carbon	总有机碳浓度
TS	total solids content	总固体含量
UASB	upflow anaerobic sludge bed reactor	上流式厌氧污泥床反应器
VFAs	volatile fatty acids	挥发性有机酸
VS	volatile solids content	挥发性固体含量
α_c	apparent isotope fractionation factor	表观产甲烷同位素分馏因子
λ	time period for lag phase	产甲烷迟滞期
$\delta^{13}C$	stable carbon isotope ratio	稳定碳同位素比值
δac	stable carbon isotope ratio in acetate	乙酸中的稳定碳同位素比值
$\delta^{13}CH_4$	stable carbon isotope ratio in CH_4	甲烷中的稳定碳同位素比值
$\delta^{13}CO_2$	stable carbon isotope ratio in CO_2	二氧化碳中的稳定碳同位素比值
μ_{CH4}	specific methane production rate	比产甲烷速率

第1章

绪 论

1.1 研 究 背 景

1.1.1 易降解生物质废物的产生与特性

生物质废物是来源于动植物的、可以被微生物生物降解的固体废物。根据组成成分的特点,生物质废物可以分为两大类:一类是以木质素、纤维素、半纤维素为主要成分的难降解生物质废物,如大部分种植业生物质废物和林业生物质废物;另一类则是以碳水化合物、蛋白质、脂肪为主要成分的易降解生物质废物,包括一部分种植业生物质废物、养殖业生物质废物(禽畜粪便等)、饼粕和肉类加工等食品工业生物质废物、城市生活源生物质废物(易降解城市生活垃圾、餐厨垃圾、城市污泥和城市粪便)和农村生活源生物质废物(厨余和农村粪便)等[1]。

易降解生物质废物具有含水率高、可降解有机物含量高、低位热值低的特征,且产生量巨大。据统计,2007 年我国生物质废物的产生量达到44.4 亿 t,而易降解部分约占 77%[1]。巨量的易降解生物质废物若不能及时进行恰当的处理处置,则极易腐败变质,产生高污染沥出液和恶臭气体,污染自然水体和大气,甚至孳生大量蚊虫和病原微生物,危害生态和人类健康,成为环境污染物的重要排放源。同时,其不恰当处理处置过程中会产生大量 CH_4 和 N_2O,成为温室气体人为排放源的重要组成部分。

除了环境污染物的首要属性之外,易降解生物质废物同时还具有资源属性,是重要的可再生能源和物质资源,其开发利用受到世界各国的广泛关注[2]。据预测,2050 年全球生物质废物的能源利用潜力约为 101 EJ,而易降解生物质废物(包括粪便、易降解城市生活垃圾和食品加工工业废物等)的能源利用潜力约为 38 EJ,达到全球能源总需求量的 11%[3]。中国废弃生物质资源丰富,主要有农林废弃物、畜禽养殖剩余物、可降解城市生活垃圾(Biodegradable Municipal Solid Waste,BMSW)和生活污水、工业有机废弃物和高浓度有机废水等,每年的能源利用潜力约为 4.6 亿 t 标准煤当量(13.5 EJ),而目前的利用量仅为 4.8% 左右。其中的 BMSW、餐厨垃圾、畜禽粪便、污水处理厂污泥、食品工业有机废弃物和高浓度有机废水等易降解生物质废物和废水均可作为厌氧消化原料产生沼气,存在 1.8 EJ 的能源供给潜力[4]。

目前,固体废物的处理处置和利用方式主要包括:填埋、焚烧等传统处置技术,堆肥、厌氧消化等生物化学转化技术,以及气化、热解等热化学转化技术。易降解生物质废物属于易降解、含水率高、热值低的生物质原料,从其生物可降解性、资源可利用性和能源可转化性等角度出发,生物化学处理技术更适合此类废物的处理与利用[5,6]。然而,除了能耗较高外,过高的含水率会造成易降解生物质废物好氧堆肥过程中产生局部厌氧环境,由此散发的恶臭气体是导致堆肥设施卫生条件差和运营阻力大的主要原因。相比之下,厌氧消化则能够避免恶臭气体散发等二次污染问题,同时能够产生能源气体甲烷,减少温室气体的排放,且具有有机负荷高、营养需求低等优点,具备明显的环境优势和投入产出效益[7]。近年来,生物质废物厌氧消化产甲烷作为一项清洁能源技术日益得到各国的重视和发展。厌氧消化被认为是将生物质废物转化为能源甲烷的最重要的生物处理技术之一[8],因其巨大的能源化和温室气体减排潜力,得到欧美各国政策上的提倡和大力发展。

1.1.2 易降解生物质废物的厌氧消化技术

厌氧消化是指在缺氧或无氧的环境下,微生物分解代谢有机物,形成各种代谢产物,获得能量和合成代谢前体,并实现自身生长和繁殖的代谢过程。生物质废物的厌氧消化处理技术则是采用各种方式优化的厌氧消化过程,以尽可能提高可资源化/能源化的产品量(如 H_2、CH_4 和其他生物燃料),提高生物质废物的转化率,并尽可能减少厌氧消化后的残余废物量(减量化)[5]。

作为有效的有机废物和废水处理技术之一,厌氧消化已被广泛应用于有机工业废水、城市污水处理厂污泥和禽畜粪便的处理,并且被小范围地应用于有机工业废物(如蔬菜水果加工废物、食品加工废物)和农业废物(如农作物秸秆和农产品加工废弃物)等的处理[8]。近 20 年来,BMSW 的厌氧消化处理技术在欧洲得到了快速发展。预计到 2014 年,欧洲用于处理 BMSW 的厌氧消化厂将会达到 244 座,处理能力达到 775 万 t/a,占欧洲 BMSW 产生总量的 5%(以人均 BMSW 产生量为 300 kg/a,居民总数 5.5 亿计)[9]。所产生的沼气可用于发电供热,也可经提纯压缩后进入天然气管道,还可作为车用燃料。

我国的易降解生物质废物和废水产生量巨大。目前,规模化畜禽养殖场粪便年产生量约 8.4 亿 t,生产沼气的潜力约 400 亿 m³;酒精、制糖、酿酒等 20 多个行业每年排放有机废水 43.5 亿 t、废渣 9.5 亿 t,可转化为沼气约 300 亿 m³;BMSW 年清运量约 0.75 亿 t,作为产沼气发电的原料,可替代 1 200 万 t 标准煤;城镇污水处理厂污泥年产生量约 0.3 亿 t,其中约 50% 可能源化利用[4]。生物质废物厌氧消化产沼气作为《生物质能发展"十二五"规划》的重要组成部分和我国政府重点提倡的清洁能源技术,将在废物减量和能源开发领域面临重要的发展机遇。

然而,尽管以生物质废物为原料的厌氧消化工艺在欧美等发达国家得到了快速发展,但从其总处理量来看所占的比例仍然较低。而在我国,沼气利用还多以农村户用沼气池形式存在,缺少大中型沼气集中供气工程。虽然目前在政策引导和扶持下已建成一些畜禽养殖场沼气工程,但禽畜粪便的厌氧消化处理率仅达到 2.5%。对于 BMSW 和其他易降解生物质废物(如餐厨垃圾、污泥和食品工业废水废渣),目前尚无商业化大规模稳定运行的厌氧消化处理工程[4]。

目前,有诸多阻碍易降解生物质废物厌氧消化处理技术发展的因素,如:厌氧消化厂建设投资费用高[10];城市生活垃圾混合收集降低了处理效率和产品质量[6];高浓度酸和氨对产甲烷微生态的胁迫,易导致工艺过程运行不稳定或失败[7, 8, 11-14]等。其中,甲烷化抑制造成的工艺过程不稳定和甲烷产率低是阻碍易降解生物质废物厌氧消化大规模商业化应用的主要技术障碍。

1.1.3 易降解生物质废物厌氧消化中的酸和氨抑制问题

目前,出于投资、工艺复杂性等方面的考虑,欧洲国家的生物质废物厌氧消化工程多采用单级高固体工艺[9, 15]。从微生物学角度看,当原料为易降解高含固率的生物质废物(如食品废物、污水厂污泥、禽畜粪便等)时,有机酸和氨等抑制物很容易在单级高固体厌氧消化反应器内快速积累,发生酸和氨抑制现象[7, 8, 11, 13, 16]。而现有的工艺中缺乏或难以快速产生耐酸胁迫和氨胁迫的高效微生物菌群,因而造成消化过程不稳定、甲烷产率低等问题,甚至导致系统启动和运行失败[7, 8, 17, 18]。

目前,针对甲烷化抑制问题可采取的主要工艺调控手段有两种:① 在原料中添加水分或难水解物料[19],以稀释抑制物;② 预先接种富含产乙酸化-产甲烷菌群的物料[20],以提高反应器初始的产乙酸化-产甲烷化代谢能力,降低中间代谢产物的积累水平。两者均可通过原料与消化产物的混合得以实现。但是,稀释方法降低了反应器的容积利用率,会增加运行费用和处理成本[13, 14],而且改变原料组成还可能影响工艺的处理效果。而通过消化产物回流的方式实现接种产甲烷菌群的方法,则存在与前者相同的问题。近年来,也有研究者试图通过接种耐酸毒性和耐氨毒性的菌种以避免出现甲烷化抑制现象[18, 21, 22],但大多效果并不显著,且仅限于实验室规模研究。由于厌氧消化系统内微生物过程机理的不明确,目前所发展的调控策略多出于经验,使得技术优化缺乏机理依据和针对性,由此导致的一系列问题阻碍了厌氧消化工艺的广泛应用。

我国收集状态的 BMSW 含固率高(TS>10%),大部分为厨余、果皮等易水解成分,其作为厌氧消化的原料是典型的易水解颗粒态有机物[5, 11]。此类原料进入厌氧消化系统后会快速水解酸化,导致挥发性有机酸(Volatile Fatty Acids,VFAs)大量累积,pH 迅速下降,具有酸毒性的游离态有机酸的比例增加,甲烷化的酸抑制问题显得尤为突出[5, 12-14]。另外,在高浓度有机废水厌氧消化处理工艺中,有机负荷冲击和超负荷运行也会导致甲烷化酸抑制现象的出现[7, 23]。

氨抑制则是伴随着高蛋白质含量生物质废物,如餐厨垃圾、污水厂污泥、畜禽粪便、食品工业废物等的发酵过程产生[17, 24-28]。大量蛋白质水解生成氨基酸和多肽,进而酸化生成 VFAs 和氨。高浓度氨可抑制厌氧微生物的活性,而其中产甲烷菌对氨最为敏感。氨毒性普遍被认为由游离态氨分子(Free Ammonia,FA)引起,而游离氨浓度会随着 pH 的升高而增加。氨对产甲烷菌的抑制使得代谢产物进一步积累,系统的pH 也会随之改变。pH 的变化又会影响游离氨和游离有机酸的浓度,加之 pH 本身对微生物活力的影响,厌氧微生物所受的胁迫随着有机酸、氨和 pH 之间的相互作用而改变,最终进入稳定但甲烷产率极低的"抑制假稳定态"[24, 29],或者因使得厌氧消化全过程受阻而反应完全终止。

因此,针对易降解生物质废物的组分特点,解决厌氧发酵过程产生的酸抑制和氨抑制问题,提高消化过程的工艺稳定性,降低运行管理难度和费用是当前亟待解决的关键技术问题。深入了解厌氧消化过程中产甲烷微生态对胁迫的响应机制,即可望从机理层面上发展厌氧消化工艺的优化方法。

1.2　厌氧系统中产甲烷微生态对胁迫的响应机制

1.2.1　厌氧消化系统中的代谢流网络

厌氧消化系统是一个由复合生物菌群按秩序、序贯地分解有机物的复杂体系[30, 31]。厌氧消化过程的代谢流网络可概括成 4 个阶段:水解、酸化、乙酸化和甲烷化。通常认为,水解酸化由发酵细菌完成,而乙酸化和甲烷化过程由产甲烷菌及其共生细菌进行。两大微生物类群间存在显著的生理生化差异[32, 33]。甲烷化代谢根据底物的不同,又可分为乙酸发酵型、氢营养型(又称为 CO_2 还原型)和甲基营养型产甲烷途径。在生物质废物的厌氧消化系统中,甲烷化代谢主要通过前两种途径进行,由乙酸营养型和氢营养型产甲烷菌实现[30, 34]。

如图 1-1 所示,在复杂的厌氧消化代谢过程中,乙酸作为发酵、乙酸化的产物和甲烷化的底物,成为代谢流网络中的关键节点。胁迫形成时,VFAs 的累积起始于乙酸产生和降解速率的失衡[35-37];胁迫中,经长期迟滞后甲烷化的恢复启动也开始于乙酸的快速降解[18, 21, 38]。明确乙酸的甲烷化代谢机理,对于研究产甲烷微生态对胁迫的响应机制具有重要意义。如表 1-1 所示,乙酸的厌氧转化可通过乙酸发酵型甲烷化途径进行。而在某些环境压力下,共生乙酸氧

化细菌(Syntrophic Acetate Oxidizing Bacteria,SAOB)和氢营养型产甲
烷菌也可通过共生乙酸氧化(Syntrophic Acetate Oxidation,SAO)和
CO_2还原产甲烷的联合途径(SAO-HM)进行,形成了与乙酸营养型产
甲烷菌的竞争[39,40]。

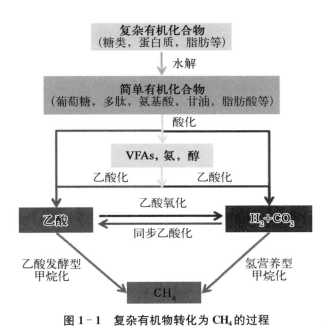

图 1-1 复杂有机物转化为 CH_4 的过程

表 1-1 乙酸的厌氧甲烷化途径[39]

乙酸的甲烷化途径	生物化学反应	$\Delta G^{o\prime}$(kJ/mol)
(1) 乙酸发酵型甲烷化 (AM,Acetoclastic Methanogenesis)	$CH_3COOH \longrightarrow$ $CH_4 + CO_2$	−31.0
(2) 共生乙酸氧化 (SAO,Syntrophic Acetate Oxidation)	$CH_3COOH + 2H_2O \longrightarrow$ $2CO_2 + 4H_2$	+104.6
(3) 氢营养型甲烷化 (HM,Hydrogenotrophic Methanogenesis)	$4H_2 + CO_2 \longrightarrow$ $CH_4 + H_2O$	−135.6
(4) (2)+(3)联合途径(SAO-HM)	$CH_3COOH \longrightarrow$ $CH_4 + CO_2$	−31.0

共生乙酸氧化途径最初由 Barker 提出[41]，随后被 Zinder 和 Koch 证实[42]。共生乙酸氧化途径包括两步反应：乙酸首先被共生乙酸氧化细菌转化为 H_2/CO_2，生成的 H_2/CO_2 随后被氢营养型产甲烷菌转化为甲烷（表 1 - 1）。从热力学角度看，标准状态下，共生乙酸氧化为吸能反应（$\Delta G^{o\prime} = +104.6$ kJ/mol），仅当氢营养型甲烷菌消耗了 H_2（$\Delta G^{o\prime} = -135.6$ kJ/mol），使氢分压维持在极低值时方可进行。共生乙酸氧化和氢营养型甲烷化联合途径的顺利进行，需要氢分压既能满足乙酸氧化反应的要求，又不能低于氢营养型甲烷化反应可进行的最低值，因而需维持在一个较小的范围内[43]。高温（55℃～60℃）下，该范围为 10～50 Pa[44, 45]；中温（37℃）下，则为 1.6～6.8 Pa[46]。两个反应串联进行，最终 $\Delta G^{o\prime} = -31.0$ kJ/mol。共生乙酸氧化途径在氧化乙酸的细菌和氢营养型产甲烷菌的密切合作下完成，两种微生物共同分享反应中产生的能量。每个 ATP 的合成需要 60～70 kJ/mol 的能量，共生乙酸氧化途径中每摩尔反应产生的能量不足 1 个 ATP[47]，各种微生物获得的能量更少。因此，共生乙酸氧化为低放能反应，由此也导致共生乙酸氧化细菌生长缓慢[48]。

1.2.2 厌氧系统的产甲烷微生态

1. 产甲烷菌

作为自然界碳素物质循环中厌氧生物链的最后一个成员，产甲烷菌是厌氧消化系统中微生物的核心[31, 49]。产甲烷菌属于古菌域（*Archaea*）中的广古菌门（*Euryarchaeota*），是一个多样化的微生物群体，目前可分为 4 个纲（包括甲烷杆菌纲、甲烷球菌纲、甲烷微菌纲和甲烷火菌纲），6 个目和 29 个属，见表 1 - 2，其中包括了新发现的甲烷胞菌目（*Methanocellales*）[50]。另外，Paul 等人[51]最近提出，将一类属于广古菌门但曾经被归类为非培养热原体目"uncultured *Thermoplasmatales*"的古菌

Methanoplasmatales 作为产甲烷菌的第 7 个目。

表 1-2 产甲烷菌的分类学及特征[30, 50]

目, 科, 属	形 态	可利用底物
甲烷杆菌目(*Methanobacteriales*)		
甲烷杆菌科(*Methanobacteriaceae*)		
甲烷杆菌属(*Methanobacterium*)	杆状	H_2,(甲酸,醇类*)
嗜热甲烷杆菌属(*Methanothermobacter*)	杆状	H_2,(甲酸)
甲烷短杆菌属(*Methanobrevibacter*)	短杆状	H_2,(甲酸)
甲烷球形菌属(*Methanosphaera*)	球状	H_2,(甲醇)
甲烷热菌科(*Methanothermaceae*)		
甲烷热菌属(*Methanothermus*)	杆状	H_2
甲烷球菌目(*Methanococcales*)		
甲烷球菌科(*Methanococcaceae*)		
甲烷球菌属(*Methanococcus*)	球状	H_2,(甲酸)
甲烷热球菌属(*Methanothermococcus*)	球状	H_2,(甲酸)
甲烷暖球菌科(*Methanocaldococcaceae*)		
甲烷暖球菌属(*Methanocaldococcus*)	球状	H_2
甲烷炎菌属(*Methanotorris*)	球状	H_2
甲烷微菌目(*Methanomirobiales*)		
甲烷微菌科(*Methanomicrobiaceae*)		
甲烷微菌属(*Methanomicrobium*)	杆状	H_2,(甲酸)
甲烷囊菌属(*Methanoculleus*)	不规则球状	H_2,(甲酸,醇类)
甲烷泡菌属(*Methanofollis*)	不规则球状	H_2,(甲酸,醇类)
产甲烷菌属(*Methanogenium*)	不规则球状	H_2,(甲酸,醇类)
甲烷裂叶菌属(*Methanolacinia*)	杆状	H_2,(醇类)
甲烷盘菌属(*Methanoplanus*)	盘状或碟状	H_2,(甲酸,醇类)

续　表

目,科,属	形　态	可利用底物
甲烷螺菌科(*Methanospirillaceae*)		
甲烷螺菌属(*Methanospirillum*)	螺旋状	H_2,(甲酸,醇类)
甲烷粒菌科(*Methanocorpusculaceae*)		
甲烷粒菌属(*Methanocorpusculum*)	小球状	H_2,(甲酸,醇类)
甲烷砾菌属(*Methanocalculus*)	不规则球状	H_2,(甲酸)
甲烷八叠球菌目(*Methanosarcinales*)		
甲烷八叠球菌科(*Methanosarcinaceae*)		
甲烷八叠球菌属(*Methanosarcina*)	球状,囊状	甲醇,甲胺[†],(H_2,乙酸,二甲硫醚)
甲烷类球菌属(*Methanococcoides*)	球状	甲醇,甲胺
甲烷嗜盐菌属(*Methanohalophilus*)	不规则球状	甲醇,甲胺
甲烷盐菌属(*Methanohalobium*)	平面多边形状	甲醇,甲胺
甲烷叶菌属(*Methanolobus*)	不规则球状	甲醇,甲胺(二甲硫醚)
甲烷食甲基菌属(*Methanomethylovorans*)	球状,囊状	甲醇,甲胺,二甲硫醚,甲硫醇
甲烷微球菌属(*Methanomicrococcus*)	平面多边形状	H_2+甲醇,H_2+甲胺
甲烷咸菌属(*Methanosalsum*)	不规则球状	甲醇,甲胺,二甲硫醚
甲烷鬃毛菌科(*Methanosaetaceae*)		
甲烷鬃毛菌属(*Methanosaeta*)	杆状	乙酸
甲烷火菌目(*Methanopyrales*)		
甲烷火菌科(*Methanopyraceae*)		
甲烷火菌属(*Methanopyrus*)	杆状	H_2
甲烷胞菌目(*Methanocellales*)		
甲烷胞菌科(*Methanocellaceae*) 甲烷胞菌属(*Methanocella*)	杆状和球状	H_2+甲酸(乙酸)

注：* 醇类包括：乙醇、异丙醇、异丁醇,以及环戊醇中的部分或全部;† 甲胺类包括：甲胺、二甲胺、三甲胺;括号内的底物表示仅部分产甲烷菌成员可利用。

在厌氧消化系统内存在的主要产甲烷菌种群,包括乙酸发酵型产甲烷菌和氢营养型产甲烷菌。乙酸发酵型产甲烷菌可直接利用乙酸为底物产生甲烷,氢营养型产甲烷菌则利用 H_2 或甲酸作为电子供体将 CO_2 还原生成甲烷。甲烷化过程为放能反应,每生成 1 mol 甲烷可产生 1 个或少于 1 个 ATP[30]。从热力学角度分析,CO_2 还原型产甲烷途径的 $\Delta G^{o'}$ 值最低,而乙酸发酵型途径的 $\Delta G^{o'}$ 值最高,因此前者比后者更容易进行,氢营养型产甲烷菌的种类也远多于乙酸营养型。可利用氢气的产甲烷菌分布于 6 个产甲烷菌目,包括甲烷杆菌目、甲烷球菌目、甲烷微菌目、甲烷火菌目、甲烷八叠球菌目和甲烷胞菌目。乙酸营养型产甲烷菌则仅包括甲烷八叠球菌目的甲烷鬃毛菌属和甲烷八叠球菌属,其中的甲烷鬃毛菌属只能利用乙酸产甲烷和进行细胞增殖,而甲烷八叠球菌属中呈现聚集式生长的种群则可利用乙酸、甲醇和甲胺类物质。一些甲烷八叠球菌属种群还可利用 H_2/CO_2 或甲醇产生甲烷[52]。

在厌氧消化反应器中,微生物的菌群结构和活性取决于接种污泥、操作运行条件和环境因素的差异[53]。温度可影响微生物菌群结构的多样性[54]。与高温反应器相比,中温反应器内的微生物菌群往往呈现出更高的多样性和微生物种群丰度。中温厌氧甲烷化反应器中常存在甲烷微菌目 *Methanomirobiales*、甲烷杆菌目 *Methanobacteriales*、甲烷球菌目 *Methanococcales* 和甲烷八叠球菌目 *Methanosarcinales*。高温环境则更有利于氢营养型产甲烷菌如甲烷杆菌目 *Methanobacteriales* 的生长,甲烷八叠球菌属 *Methanosarcina* 和甲烷鬃毛菌属 *Methanosaeta* 也可在高温下生存[34, 55]。另外,共生乙酸氧化细菌在中温环境下也具有更高的种群多样性[56]。

氨浓度和乙酸浓度也是影响厌氧微生物种群结构的重要因素。在较低的氨浓度和乙酸浓度下稳定运行的反应器中,通常是甲烷鬃毛菌科 *Methanosaetaceae* 占优势;而在较高氨浓度和乙酸浓度下不稳定运行的反应器中,则往往是甲烷八叠球菌科 *Methanosarcinales* 和氢营养型的甲烷微菌目 *Methanomirobiales*(尤其是甲烷囊菌属 *Methanoculleus*)占优势[53, 57],同时会伴有共生乙酸氧化细菌的出现[40]。

2. 共生乙酸氧化细菌

作为乙酸甲烷化代谢中的功能微生物,共生乙酸氧化细菌在厌氧消化系统中的作用日益得到关注。迄今为止,仅发现极少量的细菌种群可在氢营养型产甲烷菌的合作下进行共生乙酸氧化产甲烷反应。最初,一株嗜热细菌 *Reversibacter* 被发现具有氧化乙酸的功能[42, 58],但该菌株在其分类学定位确立之前即丢失。之后,又有 5 种具有乙酸氧化功能的细菌种群被先后识别,并被成功分离培养,包括嗜热的 *Thermacetogenium phaeum* strain PB[44, 59]、*Thermotoga lettingae* strain TMO[60] 和 3 种中温下生长的细菌 *Clostridium ultunense*[61]、*Syntrophaceticus schinkii*[62] 和 *Tepidanaerobacter acetatoxydans*[63]。其中,*T. phaeum*、*C. ultunense*、*S. schinkii* 和 *T. acetatoxydans* 均属于厚壁菌门(*Firmicutes*),但 *T. lettingae* 则属于热袍菌门(*Thermotogae*)[39]。已确定具有乙酸氧化功能的 6 种共生乙酸氧化细菌的特征见表 1-3。

另外,根据同位素标记实验和分子生物学分析结果,发现一些其他类型的细菌种群也可以进行乙酸氧化反应,如在稻田土中发现的 *Geobacter*、*Anaeromyxobacter*[64] 和 *Thermoanaerobacteriaceae*[65],降解原油的产甲烷共生菌体中的细菌 *Smithella*[66],湖泊沉积物中发现的 *Betaproteobacteria* 和 *Nitrospira*[67] 等。

共生乙酸氧化现象广泛存在于厌氧生境中,如湖泊底泥[68, 69]、酸性沼泽地[70]、储油器[71]、稻田土壤[65, 72] 和填埋场渗滤液[73] 中等。在一些应用于实验室研究[74-76] 或实际工程运行的厌氧消化反应器[40, 77] 中,也多次发现了乙酸氧化现象和共生乙酸氧化细菌的存在。通常认为,由于能量的限制和较慢的生长速率,仅当一些抑制因素,如高温、高

表 1 - 3 已识别的共生乙酸氧化细菌的特征

细菌名称	Reversibacter[58]	C. ultunense BS^T[61]	T. phaeum PB^T[44]	T. lettingae TMO^T[60]	S. schinkii Sp3^T[62]	T. acetatoxydans Re1^T[63]
来源	厌氧消化反应器	厌氧消化反应器	厌氧消化反应器	厌氧消化反应器	上流式厌氧滤床	连续流完全搅拌反应器
消化底物	固体废物	家禽粪便	牛皮纸浆废水	甲醇	鱼肉加工废水	苜蓿青贮
温度/℃	55'	37	60	65	37	37
细胞形状	杆状	杆状	杆状	杆状	杆状	杆状
细胞尺寸/μm	0.4~0.6	0.5~0.7	0.4~0.7	0.5~1.0	0.5~0.7	0.3~0.5
运行性	未检测到	+	未检测到	未检测到	-	+
芽孢形成		+	+		+	+
革兰氏型	阳性	阳性	阳性	阴性	可变	阳性
生存温度范围	50~65	15~50	40~65	50~70	25~40	20~55
最佳生存温度/℃	60	37	58	65	ND	44~45
NH$_4$Cl范围/(mol·L^{-1})	未检测到	0.6	未检测到	未检测到	0.6	1
其他生长因子需求	酵母提取物	酵母提取物	未检测到	未检测到	酵母提取物	未检测到
G+C含量/mol%	47	32	53.5	39.2	ND	38.4
同步乙酸化能力	+	+	+	-	-	-

注:"+"表示存在;"-"表示不存在。

盐度、高浓度有机酸和氨存在并削弱了乙酸发酵型甲烷化反应时,共生乙酸氧化细菌才具有更高的竞争力[39,47]。

3. 共生乙酸氧化途径中的氢营养型产甲烷菌

氢营养型产甲烷菌的存在,对于共生乙酸氧化途径的进行起着至关重要的作用。尤其在中温环境下,为从热力学上推动反应的进行,乙酸氧化产生的氢气需要快速被降解[48]。在共生乙酸氧化途径主导的中温反应器中,甲烷囊菌属 *Methanoculleus* 为优势产甲烷菌种类[78],*Methanoculleus* sp. MAB1 和 *Methanoculleus* sp. MAB2 被用作构建中温下乙酸氧化共生菌群的模式产甲烷菌[46,47,61]。但也有报道显示,甲烷囊菌属 *Methanoculleus* 在高温反应器中的共生乙酸氧化产甲烷过程中起到重要作用[79]。在共生乙酸氧化途径占优势的高温反应器中,通常存在高丰度的甲烷杆菌目 *Methanobacteriales*(如 *Methanobacterium* 和 *Methanothermobacter*)和甲烷微菌目 *Methanomirobiales*(如 *Methanoculleus*),但有时也会有大量多营养型甲烷八叠球菌属 *Methanosarcina* 出现[55,57,80]。为研究高温环境下共生乙酸氧化现象,用来构建乙酸氧化共生菌群的模式产甲烷菌有 *Methanobacterium* sp. strain THF[58]、*Methanothermobacter thermoautotrophicus* strain ΔH 和 *Methanothermobacter thermoautotrophicus* strain TM[44,60]。

1.2.3 产甲烷微生态的关键影响因子

1. pH

最适宜 pH 范围 pH 是影响厌氧甲烷化过程的重要生态因子。参与厌氧消化过程的每种微生物可在一定的 pH 范围内活动,但它们的最适 pH 是不同的。产酸细菌能适应的 pH 范围较宽,一些产酸菌可以在 pH 为 5.5~8.5 的范围内生长良好,有些甚至可以在 pH 低于 5.0 的环境中生长,其最适宜的 pH 在 6.5~7.5 之间[16,32,33]。产甲烷菌的最适

pH 随甲烷菌种类的不同而有所差异,但大部分种群的生长最佳 pH 范围大致在 6.8～7.5 之间[7, 81]。产甲烷菌对生长环境内 pH 变化的适应性较差,当 pH 过高(>8.0)或过低(<6.0)时,其代谢过程和生长繁殖就会受到抑制,导致反应器内有机酸积累、酸碱平衡失调,甚至运行失败[7, 8]。

抑制机理　pH 过高或过低都会从生物化学和生物能量学的角度不同程度地损害细胞。为正常的生存和生长,微生物需要维持一定的细胞内 pH。当生长环境的 pH 超出其可承受范围时,可通过细胞膜磷脂双分子层内的主动调节(如质子的被动运输)使细胞内维持适宜的 pH 水平,但这样的调节行为使得细胞维持生存的能量增加[82-84]。为在 pH 胁迫环境中生存,产甲烷菌需要通过质子泵维持适宜的内部 pH,其消耗的能量由质子泵的工作速率以及泵出单位质子所需的能量决定,随着细胞内外 pH 差值的增加而增加。因而,微生物维持生存所需的能量随着环境 pH 与其最适宜 pH 的差距呈线性增加[85, 86]。

微生物细胞对底物的吸收也受介质 pH 的影响。pH 可极大程度地影响甲烷化底物,包括乙酸、CO_2 的存在状态。离子化的甲烷化底物很难扩散透过细胞膜,需要消耗更多能量进行被动运输或增加细胞膜的通透性以增强对底物的吸收,但这又会增加"pH 渗漏效应",需要质子泵增加工作速率进行补偿。因此,乙酸和碳酸在碱性环境下的强解离效应,限制了产甲烷菌在高 pH 环境下的生存[85]。

pH 与 VFAs、NH_4^+ 的相互作用,影响着游离有机酸和游离氨分子的浓度。以乙酸为例,pH 过高时乙酸多以离子态存在,限制了产甲烷菌对底物的吸收;但 pH 过低时,游离乙酸分子的浓度大大增加,高浓度的游离乙酸透过细胞膜,进入细胞内部。如图 1-2 所示,细胞内为近中性环境,游离酸解离,增加了胞内的 H^+ 浓度,由此成为细胞膜上的质子原动力的解偶联剂而损害微生物[87-89]。碱性环境下大量存在的游离氨则可使蛋白质变性,易于透过细胞膜,剥夺细胞质中的 H^+ 以维持电离

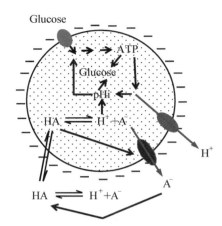

图 1-2 微生物细胞对游离有机酸的胁迫响应模式[89]

注:图中所示为 1 个酵母细胞。细胞膜带负电荷,上有多个可以运输质子或阴离子的转运蛋白,包括 1 个葡萄糖载体、可将弱酸阴离子排出细胞的 Pdr12 转运蛋白和细胞质膜 H^+-ATPase。

平衡。细胞为了维持质子浓度,以损失体内 K^+ 为代价,由外向内运输 H^+[90]。质子的不平衡或 K^+ 的损失降低了微生物活力,阻碍了细胞生长[26,91]。也有人认为,游离氨通过直接作用于产甲烷反应的酶系统而对其造成损害[92]。另外,氨向细胞内的渗透和解离增加了细胞维持生存所需的能量,则是从生物能量学观点提出的一种解释[85,93]。

pH 对产甲烷菌的选择作用 微生物生存环境的 pH 对产甲烷菌群落具有较强的选择型。实验室研究或自然生态系统中存在产甲烷现象的环境 pH 范围在 3～10[85]。耐酸毒性的产甲烷菌,往往存在于海洋或者具有低渗透压的北方冻土、沼泽、苔原等极端低温环境中[94]。迄今为止,所发现的大部分耐酸毒性的产甲烷菌为氢营养型产甲烷菌。Horn 等人[95]发现,在 pH 4.5 的泥炭沼中,优势产甲烷菌分布在甲烷微菌目 *Methanomicrobiales* 和甲烷杆菌目 *Methanobacteriales*,且低浓度的乙酸很可能是通过共生乙酸氧化和氢营养型甲烷化的联合途径降解。Kotsyurbenko 等人[70]对西伯利亚酸性沼泽中的产甲烷菌群进行培养,发现随着 pH 的降低(3.8～6.0),产甲烷主导途径由乙酸发酵型转向氢营养型,并在 pH 4.5 时分离培养得到氢营养型的甲烷菌杆菌属菌株 *Methanobacterium* sp. strain。Kim 等人[96]也发现,在 pH 低于 5 的厌氧反应器中,甲烷化过程通过氢营养型途径进行。Taconi 等人[97]研究了乙酸浓度为 2 g/L 的未缓冲体系中甲烷的产生规律,发现甲烷化可在初始 pH 7.0 和 pH 4.5 的情况下启动,且初始 pH 4.5 会使得甲烷产量比理论最大产量增加 30%,作者认为系统较低的 pH 使得无机碳以碳酸分子的形式存在,从而有利于 CO_2 还原型甲烷化反应的进行,使得甲烷产量增加。这进一步说明氢营养型产甲烷菌可在极酸性环境生存,而乙酸营养型产甲烷菌更喜好中性环境。

但也有研究发现,甲烷八叠球菌科 Methanosarcinaceae 具有较强的耐酸毒性特征。如 Maestrojuan 等人[98] 分离出了可在 pH 5.0 的环境下生长的甲烷八叠球菌属 Methanosarcina 的菌株。而 Staley 等人[99] 则发现,在城市生活垃圾厌氧消化填埋柱中,Methanosarcina barkeri 能够在 pH 5.0~6.25 的酸性环境下成为高浓度 VFAs 逐渐降解的甲烷化中心。Steinberg 和 Regan[37] 也发现,在 pH 5.0 的泥炭土中存在活跃生长的 Methanosarcina。在碱性环境下,通常认为乙酸发酵型产甲烷菌更容易受到抑制,而氢营养型产甲烷菌具有更强的耐受性[100]。但 van Leerdam 等人[101] 则发现,Methanosarcina mazei 在 pH 8.3 的厌氧消化反应器中仍在降解甲硫醇。

2. VFAs 浓度

易降解生物质废物厌氧消化过程中,水解—酸化和乙酸化—甲烷化两相的不平衡可使得 VFAs 累积达到十几克每升的浓度水平,进而产生酸胁迫。VFAs 浓度可指示厌氧消化过程不同相间是否平衡,常被用作评价工艺是否稳定运行的重要指标[36]。作为厌氧消化过程中重要的中间代谢产物,VFAs 是发酵过程的产物和甲烷化的重要底物,在一定的浓度范围内可促进各反应的顺利进行,但浓度过高时则会对厌氧消化系统产生毒害作用。如 Siegert 和 Banks[102] 研究了 VFAs 对厌氧消化不同阶段的影响,发现在 pH 7.0 的环境中,VFAs 浓度高于 2 g/L 时,纤维素水解开始受到抑制;VFAs 浓度高于 4 g/L 时,葡萄糖发酵开始受到抑制;当 VFAs 浓度高于 6 g/L 时,产甲烷化反应开始受到抑制。任南琪等人[12]通过研究不同种类 VFA 对产甲烷菌的影响发现,丁酸浓度高于 2 g/L 时,比产甲烷速率降低,产甲烷菌的活性被缓慢抑制;丙酸浓度高于 0.31 g/L 时,比产甲烷速率下降,产甲烷菌被快速抑制;当乙酸高于 2.34 g/L 时,比产甲烷速率开始下降,当乙酸浓度达到 4.01 g/L 时,比产甲烷速率锐减,产甲烷菌的活性被严重抑制。而 Wang 等人[103]则发现,pH 7.0 时,当发酵产物乙醇、乙酸和丁酸浓度分别达到 2.4、2.4 和 1.8 g/L 时,甲烷化反应并未受到抑制,而当丙酸浓度达到 0.9 g/L 时,产甲烷菌受到显著抑制,而且其活力难以恢复。而 Amani 等人[104]研究了 VFAs 对富集了产乙酸菌和产甲烷菌的混合菌群的影响,通过响应曲面法分析发现,高浓度乙酸对丙酸、丁酸氧化以及甲烷化过程均会产生抑制,且高浓度乙酸对甲烷化的影响程度要高于丙酸。不同的研究结果中,VFAs 毒性的差异可能是由于研究体系的不同,如底物、接种污泥、pH 和反应器类型等的差异导致。

由于高浓度游离有机酸对微生物细胞的损害,VFAs 对产甲烷菌的毒性受到 pH 的极大影响。当反应器内呈酸性(pH<7)时,游离 VFAs 所占的比例较高,产甲烷细菌易于受到更高程度的抑制。Anderson 等人[105]发现,游离态乙酸的起始抑制浓度为 0.5 mmol/L。Fukuzaki 等人[106]则发现,0.5~2.0 mmol/L 的游离态乙酸对乙酸营养型产甲烷菌(包括甲烷鬃毛菌和甲烷八叠球菌)产生抑制。不同种类的产甲烷菌对游离有机酸的耐受力不同,相对于乙酸营养型产甲烷菌,氢营养型产甲烷菌具有较强的耐受力,但在高酸度下仍然会受到游离乙酸的胁迫[70, 107]。van Kessel 和 Russell[108]观测到,100 mmol/L 的乙酸浓度下,pH 的降低使得瘤胃产甲烷菌迅速受到抑制;而相同 pH 下,乙酸浓度的增加也会降低甲烷的产率。Horn 等人[95]和 Bräuer 等人[107]也报道了氢营养型产甲烷菌受到高浓度游离态有机酸抑制的现象。

乙酸作为甲烷化的底物,浓度过高时将会对产甲烷菌产生显著的底物抑制效应。Clarens 和 Moletta[109] 研究了高温 55℃ 下 *Methanosarcina* sp. MSTA - 1 的生理特性,发现其生长半饱和速率常数为 10.7 mmol/L, 在乙酸浓度为 400 mmol/L 时(初始 pH 中性)已经完全抑制了甲烷化反应和产甲烷菌的生长。Lepistö 和 Rintal[110] 发现,高温 70℃ 下乙酸对产甲烷反应的抑制模式符合 Haldane 模型,当乙酸浓度超过 4.6 mmol/L 即开始产生抑制。Fukuzaki 等人[106] 研究了乙酸浓度对富含甲烷鬃毛菌的厌氧污泥和 *Methanosarcina barkeri* 产甲烷速率与生长速率的影响,发现游离乙酸对两者活力的影响符合二级底物抑制模型,两者的饱和速率常数分别为 4.0 μM 和 104 μM。Illmer 和 Gstraunthaler[111] 发现,实际运行的生物质废物厌氧消化反应器内,当乙酸浓度累积到 150 mmol/L 时,产气量开始下降,工艺过程开始恶化。而 Lins 等人[21] 也发现,150 mmol/L 浓度的乙酸(初始 pH 7.2)的甲烷化过程出现显著的迟滞期(>10 d),表明该乙酸浓度已对甲烷化产生抑制。

厌氧消化系统中,利用乙酸的微生物包括甲烷鬃毛菌 *Methanosaeta* sp.、甲烷八叠球菌 *Methanosarcina* sp.、共生乙酸氧化细菌,以及硝酸盐还原细菌、硫酸盐还原细菌、铁还原细菌等。但在氧化态氮、硫、铁等电子受体缺乏时,主要是前三者竞争乙酸。由于不同的嗜乙酸微生物具有不同的乙酸亲和力和生长速率,乙酸浓度会极大地影响微生物的菌群结构。如甲烷鬃毛菌属 *Methanosaeta* 可利用乙酸的最低浓度为 7~70 μmol/L,但其生长速率较低,而甲烷八叠球菌属 *Methanosarcina* 的生长速率较高,但对乙酸的亲和力较弱,其乙酸利用最低限值为 0.2~1.2 mmol/L。因此,在乙酸浓度高于 1 mmol/L 的环境中往往是甲烷八叠球菌属 *Methanosarcina* 占优势,而在乙酸浓度低于 1 mmol/L 时,往往是甲烷鬃毛菌属 *Methanosaeta* 占优势[112, 113]。乙酸浓度对于共生乙酸氧化细菌的影响并不明确。Hori 等人[23]、Petersen 和 Ahring[74] 发现共生乙酸氧化途径在乙酸浓度为 0.2~1 mmol/L 的高温反应器中占主导。Shigematsu 等人[76]在研究一个中温下以乙酸为基质的恒化器时,发现低乙酸浓度(0.2 mmol/L)下共生乙酸氧化途径占优势,而较高的乙酸浓度下(4 mmol/L)则有利于乙酸发酵型途径的进行。但在另外的一些高温反应器中,即使 VFAs 浓度高达数十 mmol/L(以乙酸浓度计),共生乙酸氧化仍然为乙酸甲烷化的主要途径[5]。而在共生乙酸氧化细菌及氢营养产甲烷菌的培养实验中,则可以看到,高乙酸浓度刺激了菌株的生长。Schnürer 等人[61]则观察到,当乙酸浓度降低至30 mmol/L时,中温的共生乙酸氧化菌株即停止生长。

3. 氨浓度

在生物质废物的厌氧消化过程中,氨主要是通过氨基酸的酸化过程产生。由于氨是微生物的营养物质,微生物利用氨氮作为其氮源,低于12 mmol/L 的氨浓度(以 NH_3 计)有利于厌氧消化系统的运行[114]。但氨浓度过高时,则会对微生物产生毒害作用。在各种参与厌氧消化的微生物中,产甲烷菌对氨最敏感,容易因受到氨的抑制而停止生长[17]。由于受到其他物质的协同或拮抗作用和络合反应的影响,不同研究体系中氨对产甲烷菌的抑制水平存在很大差异。另外,厌氧消化原料和接种物、环境因素(温度和 pH),以及微生物的驯化等因素也对氨的毒性产生很大影响。在文献中,氨对产甲烷反应的抑制浓度阈值具有较大的范围,达到50%抑制时的总氨氮浓度(Total Amonium Nitrogen,TAN)由121 mmol/L 到 1 000 mmol/L(以 $NH_4^+ - N$ 计)不等[8];而当游离氨态氮浓度(Free Amonia Nitrogen,FAN)达到 6 mmol/L(以 $NH_3 - N$ 计)时,即已对甲烷化代谢产生抑制[115]。

通常认为,乙酸营养型产甲烷菌比氢营养型产甲烷菌更容易受到氨的抑制,但也有相反结论的报道[28, 116]。而多营养型的甲烷八叠球菌比严格乙酸营养型的甲烷鬃毛菌更能耐受氨毒性[34]。因此,氨浓度成为影响厌氧消化系统内微生物菌群结构和甲烷生成途径的重要因素。

Karakashev 等人[40]研究了 13 个厌氧消化反应器的微生物菌群结构和产甲烷途径,发现在高氨氮、高 VFAs 的反应器中,甲烷鬃毛菌消失,甲烷主要通过共生乙酸氧化和氢营养型甲烷化联合途径产生。Nettmann 等人[57]也在其研究中发现了相似的规律。Schnürer 和 Nordberg[117]、Westerholm 等人[22]发现,TAN 浓度超过 214 mmol/L 时,共生乙酸氧化现象被激活,共生乙酸氧化细菌和氢营养型产甲烷菌开始取代甲烷鬃毛菌成为优势菌群。但是也有研究发现,在高氨氮环境下,也存在大量的甲烷八叠球菌和甲烷鬃毛菌[77, 118],而甲烷八叠球菌甚至成为耐受高氨胁迫的优势菌种[119, 120]。

1.2.4 甲烷化中心理论

为从机理层面发展厌氧消化工艺的优化方法,解决胁迫状态下的甲烷化抑制问题,根据非稀释未接种的"自然"厌氧反应器——生活垃圾填埋场中长时间高度酸胁迫环境下甲烷化的突然启动现象[121-123],及相关的反应器理论和振荡理论[35, 124, 125],Vavilin 等人[126, 127]提出了甲烷化中心的概念。该理论认为,在高浓度抑制物如 VFAs 和氨等存在的胁迫环境中,产甲烷化过程是通过某些甲烷化代谢中心而启动的,这些代谢中心由于具有稳定的有机酸向甲烷转化的代谢流通量,可促进厌氧消化代谢流前端各节点上的初始电子供体(即颗粒态有机物)、中间代谢产物(即 VFAs、H_2、CO_2 等)和最终电子受体(即甲烷)的依次传递和快速流通,加速厌氧消化平衡状态的建立,使厌氧消化得以高效率地稳定进行;并继而使甲烷化区域持续扩展,直至使整个反应空间达到厌氧消化平衡状态(图 1-3)。因此,深入了解甲烷化中心建立过程中的微生物过程机理,即可望采取工艺调控措施,人工促进功能微生态的演化,加快胁迫状态下甲烷化中心的建立,缩短迟滞期,从而改善易降解生物质废物厌氧消化过程的稳定性。

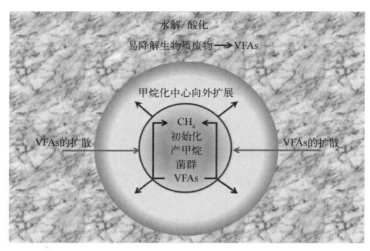

图 1－3　甲烷化中心模式图[126]

1.2.5　甲烷化中心微生物过程机理的不确定性

目前,对胁迫环境中甲烷化中心的微生物过程机理尚缺乏统一认识。根据已有的针对酸和氨胁迫厌氧系统的研究,用于说明甲烷化中心概念的机理假设主要有 4 种模式。模式 1,涉及耐胁迫新微生物种群的出现,如当甲烷鬃毛菌科 *Methanosaetaceae* 受到高浓度氨抑制时,乙酸氧化细菌和氢营养型产甲烷菌逐渐产生,并成为优势种群,乙酸的代谢过程由乙酸发酵型甲烷化转变为共生乙酸氧化和氢营养型甲烷化的联合途径[24,40,70];模式 2,则是已存在微生物种群通过改变自身形态增强胁迫耐受性,从而具有了竞争优势,如可实现多细胞聚集生长的甲烷八叠球菌科 *Methanosarcinaceae* 通过改变细胞形态,适应了厌氧环境中氨、VFAs 和盐度的改变[38,118,119,128];模式 3,则是假设在长期胁迫状态下(如存在较高浓度氨或低 pH 时),多功能的甲烷八叠球菌科 *Methanosarcinaceae* 的响应蛋白被激发,因而改变其代谢途径为氢营养型或可能同时具有乙酸氧化功能[40,47,120,129];模式 4,则认为在非均匀的反应体系中,如原料呈颗粒态,或者微生物呈膜状或颗粒式分层分布于高浓度 VFAs 的厌氧消化系统时,存在由乙酸营养型产甲烷微生物构成的低胁迫局部初始甲烷化中心,当甲烷化中心的微生物向外扩散传播降解 VFAs 的速率,超过 VFAs 生成并向甲烷化中心扩散传播的速率时,则甲烷化范围将进一步扩张[99, 126, 130, 131]。前三种假设属于微生物驯化的观点,表明胁迫下的反应系统会演化出优势微生物种群;而最后一种则纯粹从周期性化学反应的角度进行解释,并不需要特殊的优势微生物种群的存在。因此,甲烷化中心的建立机制大致可归结为两类观点:① 筛选适宜的微生物,以适应外部环境的变化(对应模式 1~3);② 改善外部环境,以满足微生物最优生存环境的要求(对应模式 4)。

根据甲烷化中心的微生物过程机理,可采取适当的工艺强化措施促使酸和氨胁迫下甲烷化的快速启动。而不同的微生态响应模式,则对应着不同的工艺强化措施。模式 1,涉及乙酸氧化细菌和氢营养型产甲烷菌的共栖关系[图 1-4(a)],两者的生理共生作用要求紧密的空间接触(图 1-5),因而可能要求内部混合缓和进行,高速搅拌则可能导致共生的微生物体彼此分离[132];模式 2 和模式 3,涉及优势种群甲烷八叠球菌科 *Methanosarcinaceae* 的驯化[图 1-4(b)],搅拌混合有利于将优势微

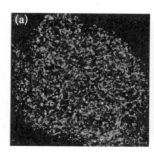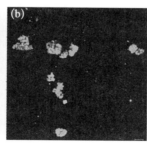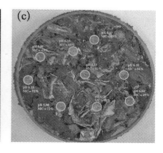

图 1-4 不同的甲烷化中心建立模式图

(a) 互营共生的乙酸氧化细菌和氢营养型产甲烷菌(模式 1);(b) 多营养型的甲烷八叠球菌多细胞聚集体(模式 2 和模式 3);(c) 低胁迫局部初始甲烷化中心(模式 4)。注:图片来源:(a) 和(b)来源于本文氨胁迫实验结果;(c)来源于文献[99]中生物质固体废物厌氧消化中的酸胁迫实验结果。

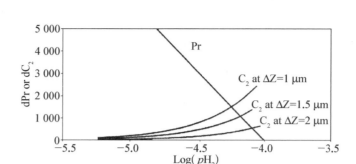

pH_2：产氢微生物细胞表面的 H_2 分压；C_2：氢营养型产甲烷菌细胞表面的 H_2 浓度；Pr：丙酸（Propionate）；ΔZ：互营共生的微生物细胞间的空间距离

图 1-5　细胞间距对共生厌氧菌群降解丙酸和 H_2 的影响模式图。直线 Pr 为丙酸降解速率随 $Log(pH_2)$ 的变化，曲线 C_2 为丙酸降解速率随 $Log(pH_2)$ 和 ΔZ 的变化[132]

生物分布于反应器中，但过度搅拌也可能影响多细胞聚集体系的形成[133]；模式 4，则需要形成局部低胁迫区域[（图 1-4(c)]，相对稳定的环境有利于甲烷化中心的建立[99,126]。模式 1—3，可通过驯化富集优势微生物种群，进而在反应器内预先接种，以促进甲烷化中心的建立；而模式 4，则可能通过进料或混合方式的调整，为微生物提供局部低胁迫区域，从而促使甲烷化的启动。

机理上的不确定性，使甲烷化中心理论对工艺的指导常出现矛盾。因此，需要采用各种技术手段，从代谢途径、细胞形态和菌群结构等多角度，进一步深入研究厌氧系统中产甲烷微生态对各种生态因子（尤其是 pH、有机酸和氨）引发胁迫的响应机制，明确不同胁迫状态下甲烷化中心建立的微生物过程机理模式。

1.3　产甲烷微生态响应机制的研究方法

不同的微生态响应模式，启示了区分不同机理假设的实验研究方法。如模式 1 和模式 2、模式 3 中存在不同的优势微生物种群,模式 1、模式 2 和模式 4 中微生物呈现特殊的空间分布状态,模式 3 则涉及甲烷产生途径的转变。但不同的模式均是基于嗜乙酸产甲烷微生物菌群的竞争。胁迫状态下甲烷化的启动,起始于乙酸的快速降解。因此,甲烷化中心的研究对象可主要设定为嗜乙酸产甲烷微生物菌群。对于微生态响应机制,则需要从底物的代谢转化、代谢途径和微生物的种群结构特征(包括细胞形态和空间分布)三个方面进行解析。其中,底物的代谢转化可通过用传统方法监测厌氧系统内底物、中间代谢产物(VFAs、乳酸、醇、氨)和产物(包括 CH_4、CO_2)产生量与产生速率实现。以下重点介绍甲烷生成途径和微生物种群结构的研究方法与技术。

1.3.1 甲烷化代谢途径的研究方法

目前,用于分析甲烷生成途径的方法主要包括三类:① 采用甲烷化抑制剂,如用溴乙烷磺酸盐(BES)完全抑制产甲烷[134, 135],或者用氟甲烷(CH_3F)抑制乙酸发酵型产甲烷途径[136, 137],通过这些化学物质对某些代谢途径的特异性阻断作用来判别甲烷的生成途径;② 稳定性同位素^{13}C 或放射性同位素^{14}C 标记法,如加入碳同位素标记的 $NaHCO_3$ 或乙酸,根据不同甲烷化途径中甲烷碳的来源不同,分析甲烷化代谢途径[65, 71, 138];③ 天然稳定碳同位素指纹识别技术,根据不同甲烷化反应对稳定碳同位素分馏效应的差异,识别甲烷的产生途径[139-141]。其中,添加抑制剂的方法相对简单直接,但却会一定程度地影响微生物的活性,长期暴露于抑制物中亦可能对微生物产生驯化,因此使用时需小心控制使用剂量和培养时间[136]。在厌氧消化系统中运用稳定碳同位素标记和指纹识别技术,属于甲烷化代谢途径的创新研究方法,以下分别进行介绍。

1. 人工稳定碳同位素标记技术

碳同位素标记技术是采用稳定性碳同位素(^{13}C)或放射性碳同位素

(^{14}C)标记的底物对环境样品进行培养,然后通过监测标记物在底物和产物中的分布来判断物质代谢途径。该方法已被多次应用于厌氧生境中共生乙酸氧化途径对甲烷产生率的贡献的研究[71, 76, 142, 143]。在乙酸氧化反应中,乙酸的羧基和甲基被共生乙酸氧化细菌转化为 CO_2 和 H_2,50%的 CO_2 又被产甲烷菌转化为甲烷。而在乙酸发酵型途径中,乙酸的甲基形成了甲烷,羧基则被转化为 CO_2。因此,根据甲烷中碳来源的差异,可定量分析其产生途径。如采用[2 $-^{13}$C]CH_3COOH 为底物时,乙酸发酵途径仅产生$^{13}CH_4$[式(1-1)];而在共生乙酸氧化途径中,则能够产生$^{13}CH_4$和$^{13}CO_2$[式(1-2)和式(1-3)]。产物中标记物质的分布,可用于指示甲烷的形成途径。

$$^{13}CH_3COO^- + H_2O \rightarrow {}^{13}CH_4 + HCO_3^- \tag{1-1}$$

$$^{13}CH_3COO^- + 4H_2O \rightarrow (HCO_3^- + H^{13}CO_3^-) + 4H_2 + H^+ \tag{1-2}$$

$$4H_2 + (\tfrac{1}{2}HCO_3^- + \tfrac{1}{2}H^{13}CO_3^-) + H^+ \rightarrow$$
$$(\tfrac{1}{2}CH_4 + \tfrac{1}{2}{}^{13}CH_4) + 3H_2O \tag{1-3}$$

在厌氧反应器中,常采用无机碳盐作为缓冲体系,外源性无机碳的添加会稀释共生乙酸氧化生成的 CO_2 的浓度。倘若伴随着乙酸氧化发生的氢营养型甲烷化反应中消耗的 CO_2 来源于体系中的无机碳,则外源性无机碳会对$^{13}CO_2$浓度形成"稀释效应"[143];但氢营养型产甲烷菌也可能仅利用与其相邻的共生乙酸氧化细菌生成的 CO_2,则不存在"稀释效应"[142]。图 1-6 显示了"稀释效应"对标记物$^{13}CH_4$在产物中的分布差异。其中,假设初始状态下反应器中有 100 mmol 的$^{13}CH_3COOH$和 100 mmol 的溶解性无机碳(即"Backgroud CO_2")。反应过程中,假设 50%的乙酸通过乙酸发酵型甲烷化途径降解,另 50%通过共生乙酸

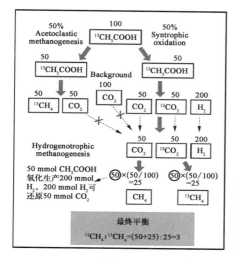
（a）无"稀释效应"

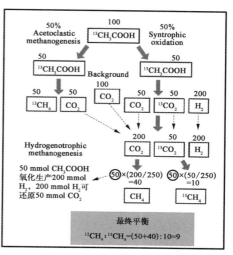
（b）存在"稀释效应"

图 1-6　稳定碳同位素标记法中 $^{13}CH_4$ 和 $^{12}CH_4$ 的计算[143]

氧化途径降解。可见,外源性无机碳的"稀释效应"对结果产生了显著影响。共生乙酸氧化途径中,氢营养型产甲烷菌的无机碳源是来自共生乙酸氧化反应还是整个反应体系目前尚无定论,因此,需同时采用乙酸碳标记和无机碳标记的方法进行验证。另外,因标记物和测试仪器造价昂贵,该方法仅适用于有限的小型反应体系和实验室研究。

2. 天然稳定碳同位素指纹识别技术

自然界中存在三种碳同位素,包括 ^{12}C、稳定性同位素 ^{13}C 和放射性同位素 ^{14}C。由于稳定同位素分子之间存在着物理与化学性质的差异,各种生物化学过程常常引起元素的同位素丰度涨落,造成稳定同位素在不同化合物或在不同物相间分布不均匀,通常把这种现象称为稳定同位素分馏。

甲烷化代谢过程中,由于产甲烷菌对 ^{12}C 的喜好,底物中的 ^{12}C 被优先转化为 CH_4,使得 CH_4 中 ^{13}C 比值偏低[138]。三种产甲烷途径中均存在不同程度的稳定碳同位素分馏效应(图 1-7)。附表 A-1 中列出了营不同代谢途径的部分产甲烷菌的稳定碳同位素分馏效应因子(α)。氢营养型和甲基营养型甲烷化代谢,是自然界中除甲基卤素氧化反应(α可达到1.070)外[144],生物可产生最显著同位素分馏效应的生物化学过程;而乙酸发酵型产甲烷途径的同位素分馏效应则相对较弱。产物(CH_4和CO_2)中稳定碳同位素的分布,形成了各产甲烷途径的特征性指纹图谱。因此,通过分析底物和代谢产物中稳定碳同位素的变化,即可识别不同厌氧系统中甲烷生成的主导途径。其定量化计算方法见2.5.3章节。

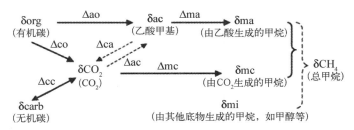

图1-7 碳和稳定碳同位素比值在厌氧产甲烷过程中的变化[138]

天然稳定同位素指纹识别技术,可实现对甲烷化代谢途径的动态原位监测,目前已广泛应用于对稻田土壤和水稻根系[72,139,140,145]、湖泊[68,69,146,147]、湿地沼泽[148-150]微生物区系产甲烷途径的探测。Qu等人[75,141]则首次采用该技术,分析了生物可降解固体废物厌氧消化过程中甲烷化代谢途径的变化过程。

在应用该技术的过程中,往往由于仪器和反应体系的限制,难以对所有关键参数(如乙酸甲基的稳定碳同位素比值$\delta_{ac-methyl}$,以及各产甲烷反应的同位素分馏效应因子α,其他参数参考2.5.3节)同时准确测定。因此,仅能采用文献值(见附表A-1)对甲烷的生成途径进行大致判断。另外,在以外加乙酸为碳源的批式培养实验中,反应后期还存在底物中惰性元素^{13}C富集的问题[151],会导致同位素分馏效应因子偏移。所以,在将这些技术应用于新的反应体系时,需要进行方法的优化。

1.3.2　微生物种群结构和功能形态的研究方法

随着厌氧消化工艺的推广和越来越多的工程化应用,对于厌氧产甲烷微生态的研究方法也得到了逐步发展。从最初利用常规方法对代谢过程中物质(包括底物、中间产物和最终产物)转化的监测,发展到利用多种分子生物学技术对微生物种群结构的分析,以及利用同位素示踪技术对于厌氧甲烷化代谢途径的监测,可实现对不同情景下产甲烷微生态的演变规律进行多角度全方位的探索。分子生物学技术和同位素标记示踪方法的快速发展,使我们对生态系统的研究摆脱了完全黑箱模式,对于厌氧消化系统这样一个涉及多种生化反应和物化平衡、微生物种类繁多的复杂体系有了更深入的了解。

可通过多种方式研究厌氧消化系统中微生物的种群结构、功能和形态。如核酸同位素标记技术(Stable Isotope Probing, SIP)结合高通量测序,可用于鉴别特定代谢途径中的功能微生物种群;定量 PCR(Quantitative PCR, qPCR)、荧光原位杂交(Fluorescence In Situ Hybridization, FISH)等分子生物学技术,则可实现对关键微生物种群的检测、定量化分析和特征性描述;自动核糖体 RNA 基因间隔区分析(Automated Ribosomal Intergenic Spacer Analysis, ARISA)技术,则可快捷、准确地评价微生物群落结构的差异和多样性[152]。各种技术的综合运用,可更加全面地提供微生物群落结构变化演替的信息,对于深入了解胁迫状态下微生物的过程机理具有重要意义。

1. 核酸稳定同位素标记技术

核酸稳定性同位素标记技术(DNA‐SIP 或 RNA‐SIP),是在稳定性同位素标记技术和分子生物学技术相结合的基础上发展起来的。其工作机理是基于底物的特异性,在特定生态或样品环境中,采用稳定性同位素标记的氮源(^{15}N)或碳源(^{13}C)对目标微生物菌群进行培养,标记的碳源或氮源被具有相应特定功能的微生物吸收、同化成为其自身的核酸,再使用氯化铯-溴化乙锭密度梯度超高速离心法,分离得到被稳定性同位素标记过的高密度的核酸,最后通过分子生物学方法(如本论文研究中用到的焦磷酸测序和 ARISA 技术)对这些核酸进行分析,就可以得到具有利用该种氮源或碳源的具有特殊功能的活性微生物的分子生物学信息(图 1-8),从而实现对特定环境下具有特定代谢功能微生物的分类学鉴定[153]。该方法已经成功应用于稻田土[65]、泥炭沼泽[154]、海洋[155]和厌氧生物反应器[156]等生态系统内功能微生物的研究中。

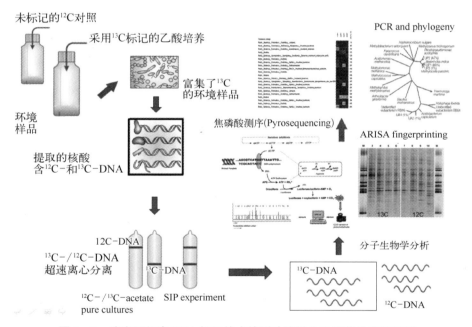

图 1-8　稳定同位素 DNA 标记技术检测功能微生物群落的实验流程

在核酸稳定同位素标记技术的应用中,内部反应过程产生的未标记中间代谢产物会对标记的底物产生稀释;另外,富集阶段的交互营养现象,以及目标微生物的缓慢生长都会降低方法的特异性,成为其应用的限制因素[157]。

2. 定量 PCR 技术（qPCR）

qPCR 技术将荧光能量传递技术和 PCR 结合起来，通过对 PCR 扩增反应中每一个循环产物荧光信号的实时检测，实现对起始模板（生物样品）中目标基因的定量及定性的分析[158]。根据化学发光原理，qPCR 技术可以分为两大类：一类为探针类，包括 Taqman® 探针和分子信标，是利用与靶序列特异杂交的探针来指示扩增产物的增加；第二类为非探针类，包括 SYBR Green I 或者特殊设计的引物如 LUX® Primers，是利用荧光染料或者特殊设计的引物来指示扩增的增加。前者由于增加了探针的识别步骤，特异性更高，但后者操作起来简便易行。

基于 PCR 的微生物种群丰度分析中，通常采用 16S rRNA 基因和功能基因作为目标微生物类群的分子信标，两者在对产甲烷微生态的种群定量分析中均已被广泛采用。

16S rRNA 基因——决定系统发育关系的基因　在本研究中，16S rRNA 基因被用作定量化分析生物反应器内产甲烷古菌和总细菌的目标基因。16S rRNA 是微生物细胞中的关键因子，它们在功能上高度保守，存在于所有的有机生物体（病毒除外）内，其序列上的不同位置具有不同的变异速率，通过 rRNA 序列比对，可以分析不同分类水平的系统发育关系[159]。一般认为，rRNA 基因很少发生大规模的横向基因迁移，具有一系列由非常保守到高度可变的区域，因此适合于微生物分类信息的确定。现有的数据库，包括 Genebank 和 ARB 基因数据库中有非常详细而庞大的 rRNA 基因序列信息，这对于进行序列比较分析和系统发育定位是极为有利的[160]。因而，16S rRNA 基因成为应用广泛的分子信标。其高度保守区可用于设计引物和探针，以对环境样品中的微生物在系统发育分类学较高水平如目、科级别进行分析，而可变区则用来对分类学较低水平如种、属级别进行分析[161]。Yu 等人[162]基于 16S rRNA 基因，设计了可采用 Taqman 方法定量分析甲烷杆菌目

Methanobacteriales、甲烷球菌目 *Methanococcales*、甲烷微菌目 *Methanomicrobiales*、甲烷八叠球菌目 *Methanosacinales*、甲烷八叠球菌科 *Methanosarcinaceae*、甲烷鬃毛菌科 *Methanosaetaceae*、原核生物界 *Prokaryotes*、古菌域 *Archaea* 和细菌域 *Bacteria* 的引物探针系列。之后，Yu 等人[163]使用这些引物对纯培养菌种、批式实验和实际工程运行的不同反应器内乙酸营养型产甲烷菌丰度的动态变化进行了监测。Lee 等人[164]则分析了 3 个处理不同污水的厌氧消化反应器内的产甲烷菌群的丰度变化。Song 等人[165]分析了处理猪场废水的 USAB 内的产甲烷菌群变化。Nettman 等人[57, 166]分析了农业废弃物厌氧消化反应器内的产甲烷古菌群落的数量变化。对于共生乙酸氧化细菌，Westerholm 等人[77]基于 *S. schinkii*、*T. acetatoxydans*、*C. ultunense*、*T. phaeum* 的 16S rRNA 基因设计了引物，并将其用于研究厌氧消化反应器内各微生物菌种群丰度随氨浓度的变化规律。

功能基因 mRNA 的表达容易受到环境因素的影响，但 16S rRNA 基因的表达水平则较为稳定，不容易受到外界因素的影响，因而在 qPCR 的应用中常被用作内参基因标准[167]。应用 16S rRNA 基因的缺点在于，不同基因型中往往存在多重 16S rRNA 基因拷贝，使得对这些类型微生物的丰度进行了过量估算[168]。另外，该方法也较难实现对于微生物代谢活力的评价[167, 169]。

功能基因——代谢途径中的关键基因 通过定量化分析某代谢途径中特有的功能基因表达，可研究具有特定功能微生物种群的代谢活力。qPCR 技术中，针对产甲烷菌引物设计的第 2 个目标基因是甲基辅酶 M 还原酶（Methyl-Coenzyme-M-Reductase，MCR）基因，该基因是产甲烷过程中的特异性关键基因，而且仅存在于产甲烷古菌和甲烷氧化古菌中[170]。由于 MCR 基因具有高度特异性和保守性，且在系统发育学上与 16S rRNA 基因具有较高的一致性，因此被选作检测产甲烷菌的功

能 标 记 物[171]。Luton 等 人[172]、Lueders 等 人[173] 和 Steinberg 等 人[171]分别基于 MCR 基因,为产甲烷菌的 PCR 扩增设计了引物。

乙酸化过程通过一氧化碳还原酶—乙酸辅酶 A(CODH/acetyl-CoA)途径进行,其中的关键酶包括甲酰四氢叶酸合成酶(Formyltetrahydrofolate Synthetase, FTHFS)和乙酰辅酶 A 合成酶(Acetyl-CoA Synthases, ACS)[39]。编码 FTHFS 和 ACS 的基因被用作产乙酸菌的功能标记物。如 Lovell 等人[174]和 Xu 等人[168]基于 FTHFS 基因发展了探测乙酸菌的 *fhs* 系列(本文中称作 FTHFS-set)引物,而 Gagen 等人[175]则针对 ACS 基因发展了 *acsB* 系列(本文中称作 ACS-set)引物。

目前,已分离培养并实现分类学鉴定的乙酸氧化细菌大部分属于同型产乙酸菌(包括 *C. ultunense*、*S. schinkii*、*T. phaeum* 和 *T. acetatoxydans*)。它们既可利用 CODH/acetyl-CoA 的生物化学体系将 H_2/CO_2 还原成乙酸,称为还原型 CODH/acetyl-CoA 途径;又可逆向利用这一体系,将乙酸氧化为 H_2/CO_2,称为氧化型 CODH/acetyl-CoA 途径。两种反应利用了相同的酶体系。因此,尽管以 FTHFS 和 ACS 基因为目标的 FTHFS-set 和 ACS-set 引物原本是被设计用来标记产乙酸菌,但共生乙酸氧化细菌同样可以被检测到。在某些情况下,FTHFS 和 ACS 基因丰度的改变甚至可以指示乙酸氧化细菌的数量变化。如 Hori 等人[143]就将 FTHFS-set 引物用于定量化分析共生乙酸氧化细菌的丰度变化。

3. 高通量测序技术

近几年,随着焦磷酸测序法的提出和高通量测序技术的发展,将基因组学水平的研究带入了一个新的时期。自 2005 年以 Roche 公司的 454 技术、Illumina 公司的 Solexa 技术和 ABI 公司的 Solid 技术为标志的高通量测序技术相继诞生。该技术发展迅速,已经应用于微生物全基因组分析、宏基因组分析和群落结构分析领域的研究[176, 177]。454 Life Science 公司首先推出了基于焦磷酸测序法(Pyrosequencing)的高通量基因组测序系统,开创了第二代测序技术的先河。该技术的原理是酶级联化学发光反应,其过程大致为:首先,将 PCR 扩增的单链 DNA 与引物杂交,并和 DNA 聚合酶、ATP 硫酸化酶、荧光素酶、三磷酸腺苷双磷酸酶、底物荧光素酶及 5′磷酸硫酸腺苷共同孵育。在每一轮测序反应中只加入一种 dNTP,若该 dNTP 与模板配对,聚合酶就可以将其掺入到引物链中,并释放出等摩尔数的焦磷酸。焦磷酸盐被硫酸化酶转化为 ATP,ATP 就会促使氧合荧光素的合成,并释放可见光(图 1 - 9)[176]。电导检测器检测后,通过软件将光信号转化为一个峰值,峰值与反应中掺入的核苷酸数目呈正比。目前,454 Life Science 公司最新推出的普及型 GS Junior 系统的通量,为每次运行产生 35 Mb 以上的高质量碱基,平均读长为 400 个碱基,每次运行平均产生 10 万个读数。400 个碱基的准确率达到 99%[178],基因文库的制备仅需半天即可完成。测序质

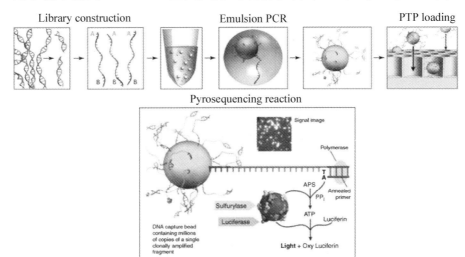

图 1 - 9　Roche 454 测序技术流程[176]

注:图中所示程序为:将待测序的 DNA 末端补平以后,将 454 特定接头连接上,每条序列可以与一个链霉亲和素标记的磁珠连接形成独立液滴,进行独立 PCR 扩增。扩增结束后,每个磁珠可以进入铬尖晶石平板(PTP)内的一个小孔,每条序列的焦磷酸测序反应即可在底部平板上单独进行。

量、长度和准确性以及测序速度的提高,增加了其在普通实验室的应用普及性,这为焦磷酸测序平台在组学分析和群落结构分析领域的应用提供了极大的优势。目前,454/Roche 高通量测序技术已经开始应用于厌氧生物反应器中细菌和产甲烷菌群落结构的研究[179, 180]。

4. 荧光原位杂交技术(FISH)

FISH 技术,根据微生物不同分类级别上种群特异的 rRNA 序列,采用能够与目标微生物中 rRNA 序列特定区域互补的荧光标记探针,直接对特定微生物种群进行定性和定量的鉴别。FISH 技术不会改变细胞的结构,可提供关于活性微生物种群的原位信息,因而实现了对环境样品中微生物的存在形态、丰度和空间分布状态的研究[181, 182],其基本流程见图 1-10。目前,FISH 技术已经被广泛用于厌氧生物反应器中细菌和产甲烷菌种群的观测、识别和定量化分析。

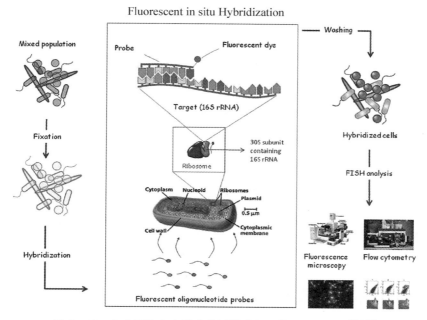

图 1-10 荧光原位杂交技术检测微生物群落的实验流程[188]

目标微生物的低信号强度、样品具有背景荧光干扰，以及非特异性杂交是 FISH 应用中常遇到的问题。研究者们通过使用高亮度荧光剂标记探针、采用氯霉素预处理以增加活性细胞中的 rRNA 含量、进行多重荧光染色和采用酶联方法对信号放大等方式对 FISH 方法进行改进[183]。Pernthaler 等人[184]发展了酶联荧光原位杂交（CARD－FISH），通过使用荧光标记的酰胺有效地增加了信号强度，避免背景干扰。

另外，FISH 是一种专业的分类学方法，通常用于检测样品中是否存在某些特定种类的微生物，但不能揭示微生物的功能或代谢特征。为了解决这个问题，Wagner 等人[185]提出了一种将 FISH 技术和核酸同位素标记技术相结合的方法，即用同位素标记底物（如^{3}H 或^{14}C）培养环境微生物，然后再采用 FISH 方法探测，以便能够在鉴定微生物的同时确定微生物的代谢活动。Li 等人[186]则将 FISH 方法与二次离子质谱（SIMS）结合起来，发展了 SIMS－FISH 技术。该方法中使用的寡核苷酸探针同时被荧光剂和某种微生物细胞中极少存在的元素（如氟或溴）修饰，而培养底物则采用同位素标记（如^{13}C 或^{15}N）。探针与目标微生物杂交后，样品中的荧光信号可在荧光显微镜下得到，稳定同位素信号和特殊元素信号则可以通过 NanoSIMS 进行观测。第二代 SIMS 仪器的空间分辨率达到 50 nm，可以实现对同位素标记的细胞个数的计量。SIMS－FISH 技术实现了微生物种类鉴定、代谢功能分析和细胞丰度计量的同步化，但其高成本限制了该方法的应用[187]。

1.4　研究目的和研究内容

1.4.1　研究思路

为优化易降解生物质废物（包括 BMSW、餐厨垃圾、城市污泥、禽畜粪便、高浓度有机废水等)的厌氧消化工艺,提高消化过程运行的稳定性和厌氧转化效率,需解决工艺中常遇到的酸抑制和氨抑制问题。甲烷化中心理论可望从机理层面指导工艺操作和调控策略的优化。但是,目前甲烷化中心建立过程中的微生物过程机理尚不明确,而不同的甲烷化中心建立模式对应着微生物在反应器中不同的分布和演化,导致厌氧消化工艺优化策略不能统一。为此,应对厌氧系统中酸胁迫和氨胁迫下产甲烷微生态的响应机制进行深入研究。鉴于甲烷化启动始于乙酸的快速降解,确定了以嗜乙酸产甲烷微生物菌群为研究对象,从代谢途径和微生物种群结构的演化等多角度探明环境因素(包括 pH、乙酸浓度和氨浓度)对甲烷化中心建立过程的影响机理。

1.4.2　研究目的

易降解生物质废物厌氧消化过程中,甲烷化易受酸和氨胁迫而导致工艺运行不稳定或失败。为探明厌氧系统中产甲烷微生态对酸和氨胁迫的响应机制,以厌氧甲烷化反应器中甲烷化中心的建立和扩展为研究出发点,研究关键生态因子(pH、乙酸浓度和氨浓度)胁迫状态下乙酸的厌氧甲烷化过程;通过稳定碳同位素示踪和各种分子生物学技术的联合应用,从代谢途径和功能微生物种群变化演替的角度,分析产甲烷微生态对各种生态因子的响应过程以及驯化措施的影响;从而确立甲烷化中心建立过程中的微生物过程机理模式,并探讨其优化策略。以期为促进生物质废物厌氧消化工艺的稳定运行,及胁迫状态下甲烷化的快速启动提供可靠的理论依据和操作策略。

1.4.3　研究内容

本文主要包括以下研究内容:

(1) 低 pH 对酸胁迫下厌氧产甲烷微生态的影响。比较酸性环境中不同初始 pH 下较高浓度乙酸(100 mmol/L)高温厌氧甲烷化过程的差异,分析甲烷化中心建立过程中甲烷生成途径及微生物菌群结构的演替规律,探究酸胁迫下厌氧产甲烷微生态对不同 pH 的响应机制(本书第 3 章)。

(2) 乙酸浓度对酸胁迫下厌氧产甲烷微生态的影响。比较不同浓度乙酸(50~200 mmol/L)在暴露和未暴露于甲烷化抑制剂的情况下高温厌氧甲烷化过程的差异,监测甲烷化中心建立过程中甲烷生成途径及关键微生物种群丰度的动态演变,同时分析伴随乙酸根降解产生的 pH 扰动对微生态的影响,探究酸胁迫下厌氧产甲烷微生态对不同乙酸浓度的响应机制(本书第 4 章)。

(3) 氨浓度对氨胁迫下厌氧产甲烷微生态的影响。比较接种不同污泥的厌氧系统在不同氨浓度(TAN 10~643 mmol/L,以氮计)下乙酸(100 mmol/L)厌氧甲烷化过程的差异,分析甲烷化中心建立过程中甲烷的生成途径,同时分析乙酸转化过程中随着 pH 逐渐升高和游离氨浓度逐渐增加微生态功能发生的转变,探究氨胁迫下中温和高温厌氧产甲烷微生态对不同氨浓度的响应规律(本书第 5 章)。

(4) 应用 DNA - SIP 技术,探索氨胁迫下厌氧产甲烷微生态的研究方法。将 DNA - SIP 技术引入到人工厌氧甲烷化系统,结合焦磷酸高通量测序技术对暴露和未暴露于氨胁迫下的功能微生物种群进行鉴别,对人工厌氧甲烷化系统中 DNA - SIP 技术的应用进行方法学探讨(本书第 6 章)。

(5) 驯化对氨胁迫下厌氧产甲烷微生态的影响。对中温和高温厌氧产甲烷微生态体系进行驯化,比较驯化和未驯化的嗜乙酸产甲烷微生物菌群在低氨浓度和高氨浓度下的行为差异,分析甲烷化中心建立过程中优势微生物种群及其功能的演变,同时探讨分析乙酸甲烷化代谢途径的方法学,探明驯化和未驯化的产甲烷微生态对氨胁迫的响应规律(本书第 7 章)。

1.4.4　关键技术问题

（1）厌氧产甲烷过程中的甲烷生成途径研究方法，发展包括天然稳定碳同位素指纹识别和人工稳定碳同位素标记方法；

（2）荧光原位杂交和实时定量 PCR 技术，分析不同胁迫状态下嗜乙酸产甲烷微生物菌群结构、活性微生物种群形态及丰度的演替规律；

（3）DNA 稳定碳同位素标记技术，在识别人工厌氧甲烷化系统内胁迫状态下的功能微生物中的应用。

1.4.5　技术路线图

本文总体技术路线如图 1-11 所示。

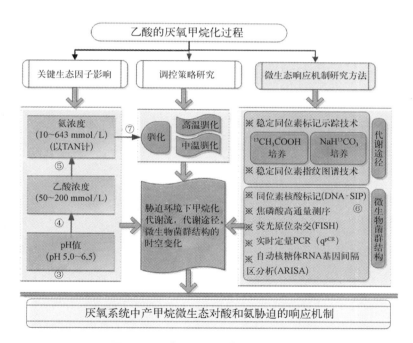

图 1-11　本文研究总体技术路线图*

注：* 图中数字序号代表其在本文中的相应章数。

第2章
研究方法与技术

2.1 实验装置与实验设计

2.1.1 接种污泥

中温(35℃)培养实验中所用大颗粒接种污泥为新鲜的厌氧甲烷化颗粒污泥,该污泥采集自上海市某造纸废水处理厂的中温 UASB 反应器。颗粒污泥呈灰黑色,为粒径 3～5 mm 的较规则球形颗粒(图 2-1),在本文中称作 MCS(Mesophilic Chinese Sludge),其初始生长环境中本底 TAN 浓度约为 29 mmol/L(以氮计),pH 约为 7.35。实验中所用小颗粒接种污泥采自法国马赛某生活污水处理厂的中温厌氧消化池,污泥呈黑色,为粒径 1 mm 左右的不规则颗粒,在本文中称作 MFS(Mesophilic French Sludge),其初始生长环境中本底 TAN 浓度约为 0.3 mmol/L,pH 约为 7.00。

高温(55℃)培养实验中所用接种污泥是由污泥 MCS 驯化而来,取自实验室规模有效容积为 2.5 L 的高温(55℃)厌氧序批式反应器(ASBR)。污泥为黑色不规则的颗粒及颗粒碎片,在本文中称作 TCS(Thermophilic Chinese Sludge)。其初始生长环境中本底 TAN 浓度为

21～29 mmol/L,pH 约为 7.50。反应器进水以葡萄糖和乙酸为主要碳源,二者比例以化学需氧量(COD)计为 4:1,且 COD:N:P＝300:5:1,有机负荷为 2g-COD/(L•d)。ASBR 反应器稳定运行 90 天后 COD 去除率超过 90%,接种用污泥 TCS 均在此之后取出。

污泥采集后,再经离心(×5 000 r/min,8 min)浓缩后作为接种物备用。

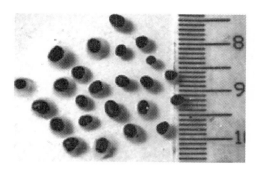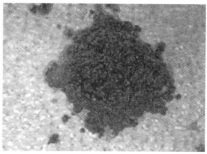

(a) 接种颗粒污泥 MCS   (b) 接种高温污泥 TCS

图 2-1　接种污泥 MCS 和 TCS

2.1.2　反应器设置

实验中采用有效容积为 250 mL 和 1 L 的厌氧血清瓶(Serum bottle,Fisher Scientific Laboratory)作为反应器(实际总容积分别为 330 mL 和 1 075 mL),由橡胶塞和铝制密封圈密封(图 2-2)。反应溶液体系包括基础培养基(表 2-1 和表 2-2)、缓冲成分、微量元素(表 2-3)和维生素(表 2-4),以乙酸钠或乙酸作为有机碳源,采用 NH_4Cl 调节氨氮浓度,另加入适量污泥作为接种物。反应器装配完毕后,用气体置换装置通过抽真空-鼓气的方式驱除其中的空气,使反应器内充满 N_2 或 N_2/CO_2。

(a) 反应器及采样过程　　　　(b) 250 mL 反应器　　　　(c) 1 L 反应器

图 2-2　反应器及其示意图

表 2-1　BMP 培养基配方[189]

组分(分子式)	浓度/(g·L^{-1})
KH_2PO_4	0.270
$Na_2HPO_4 \cdot 12H_2O$	1.120
NH_4Cl	0.530
$CaCl_2 \cdot 2H_2O$	0.075
$MgCl_2 \cdot 6H_2O$	0.100
$FeCl_2 \cdot 4H_2O$	0.020
$Na_2S \cdot 9H_2O$	0.100

表 2-2　改良的 BMP 培养基配方[49]

组　分	浓度/(g·L^{-1})
K_2HPO_4	2.0
KH_2PO_4	3.33
NH_4Cl	1.0
$CaCl_2$	0.1
$MgCl_2 \cdot 6H_2O$	0.2
酵母浸膏(yeast extract)	0.1
$Na_2S \cdot 9H_2O$	0.2

表 2-3　微量元素储备溶液配方(×100)[189]

组分(分子式)	浓度 1X/(g·L^{-1})	浓度 4X/(g·L^{-1})
$MnCl_2 \cdot 4H_2O$	0.050	0.200
H_3BO_3	0.005	0.020
$ZnCl_2$	0.005	0.020
$CuCl_2$	0.003	0.012
$Na_2MoO_4 \cdot 2H_2O$	0.001	0.004
$CoCl_2 \cdot 6H_2O$	0.100	0.400
$NiCl_2 \cdot 6H_2O$	0.010	0.040
Na_2SeO_3	0.005	0.020

表 2-4　维生素储备溶液配方(×1 000)[49]

组　分	浓度/(mg·L^{-1})	组　分	浓度/(mg·L^{-1})
生物素(biotin)	2.0	核黄素(Riboflavin)	5.0
盐酸吡哆醇(PyridoxinHCl)	10.0	烟酸(Nicotinic acid)	5.0
硫胺素(ThiamineHCl)	5.0	对氨基苯磺酸(P-aminobenzic acid)	5.0
D-泛酸钙(D-Calsium pantothenate)	5.0	维生素 B$_{12}$(Vitamin B$_{12}$)	0.1
叶酸(Floic acid)	2.0	—	—

2.2　物理化学指标测试

2.2.1　气相

1. 气体产量

采用气体压力计(Digitron 2082P,测试范围 0~200 kPa,精度 400 Pa)测试反应器内的气体压强。当压强超过 100 kPa 时,用 100 mL 针筒排出反应器内的部分气体,使其压强降低至 14~15 kPa。

根据排气前后反应器内的气压、反应器内的空体积和反应器的温度计算气体产生量(Δn),计算方法如式(2-1)所示:

$$\Delta n = \frac{V_0}{R} \times \left(\frac{P_2}{T_2} - \frac{P_1}{T_1} \right) \tag{2-1}$$

式中,Δn 为新产生气体物质的量(mol);V_0 为取样时反应器内的空体积(mL);P_1 为前一次取样后反应器内气体压强(Pa);P_2 为取样前反应器内气压(Pa);T_1 为前一次取样后反应器内温度(K);T_2 为取样前反应器内温度(K);R 为气体常数,8.314 J/(K·mol)。

另外,根据已有对接种污泥本身的产甲烷能力(即内源呼吸)的测试结果,内源呼吸的产气量远低于以乙酸为基质时的产甲烷量(<1%)。因此,本文中在讨论各反应器中的产气量时,未扣除厌氧污泥本身的产气量。

2. 气体组分

采用气相色谱(GC112A,上海精密科学仪器有限公司,中国)测定气体组分。CH_4、CH_3F 和 CO_2 采用氢离子火焰检测器(FID)检测,进样器、柱箱和检测器的温度分别为 360℃、60℃ 和 180℃,H_2 为燃气,高纯空气为助燃气,氩气为载气;N_2、O_2 和 H_2 采用电导检测器(TCD)检测,进样器、柱箱、检测器的温度分别为 80℃、60℃ 和 80℃,氩气为载气。

2.2.2 液相

1. 采样

定期用 2.5 mL 的针筒(TERUMO,Terumo Medical Co.,U.S.A.)抽取反应器内的液体 1.5~2.0 mL,用于测试液相的物理化学性质。液体样品采集后,立即分离出其中的 0.5 mL 测试 pH。其余样品放入 2.0 mL 的 Eppendorf 管内,用离心机在 13 400 r/min 下离心 8 min,进行固液分离,离心所得的上清液用于测试总有机碳(TOC)、总无机碳(TIC)、VFAs 和 TAN,离心所得的沉淀物用于微生物种群分析。

2. TOC/TIC

采用总有机碳测试仪(TOC-V CPH,Shimadzu,Japan)测试 TOC 和 TIC,炉温 680℃。

3. VFAs

采用高效液相色谱(Shimadzu,Japan)测试 VFAs 浓度。该液相色谱装有 10Avp 型电导检测器、柱温控制炉、系统控制器和 LC-20AD 型液相色谱泵。通过 SPR-H 型凝胶色谱分析柱(Shim-pack,Shimadzu,Japan)分离各种有机酸。流动相为 4 mmol/L 对甲苯磺酸(p-Toluensulfonic acid)溶液,缓冲相则包括 16 mmol/L Bis-Tris、4 mmol/L 对甲苯磺酸和 100 μmol/L EDTA。测试中,流动相和缓冲相的流速为 0.8 mL/min,柱温和检测器温度为 45℃和 48℃。

4. pH

采用 pHS-2F 型(上海精密科学仪器有限公司,中国)pH 计,测试 pH。

2.2.3　固相

对于污泥的含固率(TS)和挥发性固体含量(VS),采用减重法测定污泥的 TS 和 VS,其方法分别是在 105℃烘干 24 h 和 550℃灼烧 4 h。

2.3　代谢途径分析

采用天然稳定碳同位素指纹识别技术分析甲烷化代谢途径。根据各反应器的产甲烷情况,于不同阶段,用 10 mL 气密型气体采样器(SGE,SGE Analytical Science Pty Ltd.,Austrilia)采集气体样品,将收集的气体注入真空气体样品玻璃瓶(7 mL)中保存,用于气相稳定碳同位素比值的测定。采用气相色谱(Agilent 6980N)、同位素质谱(GV Isoprime Mass Spectrometer)串联的方法,测试气相中 CH_4 和 CO_2 的稳定碳同位素比值,即 $\delta^{13}CH_4$ 和 $\delta^{13}CO_2$。气相色谱装备有 CP-Poraplot-Q 型分离柱,其升温程序为:GC 炉首先在 40℃维持 5 min,然后以 20℃/min 的速率加热到 180℃,在 180℃维持 6~8 min。氦气作为载气。

每个样品测试 3 次。用已知稳定碳同位素比值的 CO_2 气体 $(\delta^{13}C_{VPDB}=-27.5‰)$ 作为标准,与测试样品值进行比对,并对测试方法进行误差分析。所有 $\delta^{13}CH_4$ 和 $\delta^{13}CO_2$ 测试值的误差均在 $\pm0.3‰$ 以内。

2.4 微生物的分子生物学分析

2.4.1 DNA 提取及检测

1. 液相样品 DNA 提取——酚氯仿提取法

(1) 将盛有 1.5~2 mL 液体样品的 Eppendorf 管于 8 000 r/min 下离心 5 min。

(2) 弃去上清液,向沉淀物中加入 500 μL 的 AE 缓冲液(200 mmol/L 乙酸钠,1 mmol/L EDTA - Na$_2$,pH 5.5)和 50 μL 25%(w/v)的 SDS 溶液。

(3) 加入体积约为 0.4 mL 的锆珠(直径 1 mm)。

(4) 将 Eppendorf 管置于 Mobio 振荡器上以最大速度振荡 10 min。

(5) 再以 13 400 r/min 转速离心 2 min。

(6) 准备 PLG(phase lock gel)管(Eppendorf,Light,2 mL),将其于 14 000 r/min 转速下离心 30 s。

(7) 将上清液吸出,放入离心过的 PLG 管内(Eppendorf,Light,2 mL),并加入 550 μL 酚氯仿溶液(苯酚∶氯仿∶异戊醇=25∶24∶1),充分混合振荡。

(8) 以 14 000 r/min 转速离心 5 min。

(9) 吸出上清液,转入另一个 PLG 管内,重复以上操作。

(10) 吸出上清液,转入 1.5 mL 的 Eppendorf 管中,并加入 500 μL

异丙醇和 50 μL 乙酸钠溶液(3 mol/L),混合并置于－20℃下培养 1 h。

(11) 以 13 000 r/min 转速离心 30 min。

(12) 弃取上清液,用 500 μL 70%的乙醇溶液清洗沉淀。

(13) 以 13 000 r/min 转速离心 5 min。

(14) 弃取上清液,用 200 μL 100%的乙醇清洗沉淀。

(15) 以 13 000 r/min 转速离心 5 min。

(16) 弃取上清液,于超净工作台内的气流下使乙醇挥发 15～20 min,直至沉淀物(即提取出的 DNA)干燥。

(17) 加入 100 μL TE 缓冲液,振荡使 DNA 溶解,将 DNA 溶液保存于－20℃冰箱中。

(18) DNA 浓度采用 QuantiTTM dsDNA HS 分析试剂盒(Invitrogen)测试,测试范围 0.2～100 ng/μL,在 Qubit® 2.0 荧光仪上进行浓度的读取。

2. 固相样品 DNA 提取——酚氯仿提取法

(1) 向 2 mL Eppendorf 管中加入颗粒污泥 0.2～0.3 g,加入同质量的石英砂,600 μL 提取缓冲液(100 mmol/L Tris-HCl,100 mmol/L EDTA-Na_2,1.5 mol/L NaCl),震荡 5～10 min。

(2) 加入 60 μL 20%(w/v)的 SDS 溶液,继续震荡。

(3) 65℃水浴 1 h。

(4) 于 10 000 r/min 下离心 10 min,收集上清液于 2 mL Eppendorf 管中。

(5) 再向沉淀中加入 200 μL 提取缓冲液,震荡混匀,于 65℃水浴 10 min 后再在 10 000 r/min 下离心 10 min,与第(2)步中上清液收集于同一管中。

(6) 向上清液中加入等体积 30%(w/v)的聚乙二醇/NaCl(1.6 mol/L)混合溶液,于冰盒中培养 2 h。

（7）于 16 000 r/min 下离心 30 min，将核酸沉淀重悬于 540 μL TE 中。

（8）加入 60 μL 乙酸钠溶液（3 mol/L，pH＝5.3），于 16 000 r/min 下离心 30 min。

（9）将上清液转移到 1.5 mL Eppendorf 管中，用等体积苯酚-氯仿-异戊醇（体积比 25∶24∶1）溶液抽提两次，取上层液体，再用等体积氯仿-异戊醇（体积比 24∶1）抽提两次。

（10）用 0.6 体积的异丙醇沉淀核酸，于冰盒中放置 30 min 后在 16 000 r/min 下离心 30 min。

（11）弃取上清液，用 70% 的冰乙醇溶液（4℃）洗涤核酸沉淀。

（12）于 16 000 r/min 下离心 10 min，弃取乙醇，待剩余的乙醇挥发完全后，加入 100 μL TE 溶液溶解核酸。

（13）将核酸溶液保存于－20℃冰箱中。

（14）DNA 浓度采用 NanoDrop 2000 型分光光度计（Thermo Scientific，U. S. A.）测试。

2.4.2 PCR‐ARISA

用特定引物（表 2-5）分别对样品中的细菌和古菌进行 PCR 扩增。产甲烷菌的 PCR 扩增条件为：$1\times$PCR 缓冲液，0.75 U 的 Taq DNA 聚合酶（Thermo Start Taq DNA Polymerase kit），0.2 mmol/L 核苷酸（A、G、C、T），0.40 μmol/L 引物，1.5 mmol/L $MgCl_2$，最终体积 25 μL。古菌的 PCR 程序为：94℃ 5 min，35 个循环（94℃ 1 min，54.8℃ 1 min，72℃ 2 min），72℃延伸 10 min。细菌的 PCR 程序为：94℃ 5 min，35 个循环（94℃ 1 min，54.5℃ 1 min，72℃ 2 min），72℃延伸 10 min。反应在 EP Silver 循环变温加热器（Eppendorf AG，Hamburg，Germany）内进行。

表 2-5　ARISA-PCR 扩增中的引物序列

引物名	目标类群	核苷酸序列 5′-3′	在大肠杆菌 DNA 内的相对位置	参考文献
ITSF	Bacteria	GTC GTA ACA AGG TAG CCG TA	1423-1443 (16S)	Cardinale et al. (2004)[152]
ITSFEub		GCC AAG GCA TCC ACC	38-23 (23S)	
1389F	Archaea	CTT GCA CAC ACC GCC CGT C	1389-1406 (16S)	Loy et al. (2002)[192]
51R		TCG CAG CTT RSC ACG YCC TTC	51-71 (23S)	López-García et al. (2001)[193]

采用 Agilent DNA 1000 试剂盒（Agilent Technologies Inc., California, U. S. A）在 Agilent 2100 Bioanalyzer（Agilent Technologies Inc., California, U. S. A.）中进行 PCR 产物的 ARISA 分析。

2.4.3　qPCR

1. qPCR 反应体系

为监测关键微生物种群的动态变化,将基于 16S rRNA 基因设计的引物作为生物标记物,采用 Taqman qPCR 技术定量分析不同微生物类群,包括氢营养型的甲烷杆菌目 *Methanobacteriales*（MBT-set）和甲烷微菌目 *Methanomicrobiales*（MMB-set）,严格乙酸营养型的甲烷鬃毛菌科 *Methanosaetaceae*（Mst-set）和多营养型的甲烷八叠球菌科 *Methanosarcinaceae*（Msc-set）,以及总细菌 *Bacteria*（BAC-set）和古菌 *Archaea*（ARC-set）。其中,还采用 SYBR Green 方法检测了甲烷囊菌属（*Methanculleus*-set）和甲烷八叠球菌属（*Methanosarcina*-set）的数量。另外,将基于功能基因设计的引物 FTHFS-set 和 ACS-set 作为生物标记物,定量化分析了共生乙酸氧化细菌的丰度。qPCR 中所使用的引物和探针信息见表 2 - 6。

Taqman 方法中使用了 IQ^{TM} Supermix 试剂盒(BioRad,U. S. A.),而 SYBR Green 方法中使用了 IQ^{TM} SYBR® Green Supermix 试剂盒(BioRad,U. S. A.)作为反应缓冲液(其中已包含 PCR 所需酶和各种离子)。反应体积为 15 μL,Taqman qPCR 反应体系由缓冲液、引物和探针、DNA 模板和水组成,SYBR Green qPCR 反应体系由缓冲液、引物、DNA 模板、[(CH$_3$)$_4$N]Cl 溶液和水组成。qPCR 反应体系的构成见表 2 - 7。

反应在 CFX96 Touch^{TM} 型实时定量 PCR 仪(Bio-Rad,Hercules,California,U. S. A.)内进行,反应过程和结果采用软件 Bio-Rad CFX Manager 进行控制和分析。表 2 - 8 显示了各 qCPR 反应的程序。反应程序参考文献[162,168,175,190]。

2. 标准曲线

在定量化分析各产甲烷菌种群、总细菌和古菌时,采用了各自模式菌株的质粒 DNA 作为标准品制作标准曲线,DNA 标准品信息见表 2 - 9。

对于共生乙酸氧化细菌,由于缺少模式菌株的 DNA,因此只能进行相对定量分析,制作标准曲线所用的 DNA 模板为样品 DNA。采用 FTHFS-set 和 ACS-set 引物进行 PCR 扩增,反应体系为 50 μL,包括:1×PCR 缓冲液(5 μL),0.75 U 的 Taq DNA 聚合酶(0.6 μL),0.2 mmol/L核苷酸(1 μL),0.40 μmol/L 引物(各 0.5 μL),1.5 mmol/L MgCl$_2$(3 μL)。PCR 程序为:94℃ 3 min,30 个循环(94℃ 45 s,55℃ 1 min,72℃ 2 min),72℃延伸 7 min。扩增产物纯化回收后,在紫外分光光度计下测试核酸浓度,即 OD 值。根据式(2 - 2)计算产物的拷贝数[191]。然后,依次以 10^n 进行稀释,再进行 qPCR 扩增,扩增的反应体系见表 2 - 9,反应程序参照表 2 - 8。扩增得出梯度浓度样品的 C$_T$值,据此建立标准曲线。

表 2 - 6　qPCR 扩增中的引物序列

目标微生物引物对名简称	引物/探针名	功能	核苷酸序列*	方法	参考文献
Archaea	ARC787F	primer	ATTAG ATACC CSBGT AGTCC	Taqman	Yu et al. (2005)[162]
ARC	ARC915F	TaqMan	AGGAA TTGGC GGGGG AGCAC		
	ARC1059R	primer	GCCAT GCACC WCCTC T		
Bacteria	BAC338F	primer	ACTCC TACGG GAGGC AG	Taqman	
BAC	BAC516F	TaqMan	TGCCA GCAGC CGCGG TAATA C		
	BAC805R	primer	GACTA CCAGG GTATC TAATC C		
Methanobacteriales	MBT857F	primer	CGWAG GGAAG CTGTT AAGT	Taqman	
MBT	MBT929F	TaqMan	AGCAC CACAA CGCGT GGA		
	MBT1196R	primer	TACCG TCGTC CACTC CTT		
Methanomicrobiales	MMB282F	primer	ATCGR TACGG GTTGT GGG	Taqman	
MMB	MMB749F	TaqMan	TYCGA CAGTG AGGRA CGAAA GCTG		
	MMB832R	primer	CACCT AACGC RCATH GTTTA C		
Methanosarcinaceae	Msc380F	primer	GAAAC CGYGA TAAGG GGA	Taqman	
Msc	Msc492F	TaqMan	TTAGC AAGGG CCGGG CAA		

续 表

目标微生物简称 引物对名称	引物/探针名	功 能	核苷酸序列*	方 法	参考文献
Methanosaetaceae	Msc828R	primer	TAGCG ARCAT CGTTT ACG		Yu et al. (2005)[162]
Mst	Mst702F	primer	TAATC CTYGA RGGAC CACCA	Taqman	
	Mst753F	TaqMan	ACGGC AAGGG ACGAA AGCTA GG		
	Mst862R	primer	CCTAC GGCAC CRACM AC		
Methanoculleus	298F	primer	GGAGC AAGAG CCCGG AGT	SYBR Green	Franke-Whittle et al. (2009)[190]
	586R	primer	CCAAG AGACT TAACA ACCCA		
Methanosarcina	240F	primer	CCTAT CAGGT AGTAG TGGGT GTAAT	SYBR Green	
	589R	primer	CCCGG AGGAC TGACC AAA		
acetogens	ACS-f	primer	CTBTG YGGDG CIGTI WSMTG G	SYBR Green	Gagen et al. (2010)[175]
acetogens	ACS-r	primer	AARCA WCCRC ADGAD GTCAT IGG	SYBR Green	
acetogens	fhs1	primer	GTWTG GGCWA ARGGY GGMGA AGG	SYBR Green	Xu et al. (2009)[168]
acetogens	FTHFS-r	primer	GTATT GDGTY TTRGC CATAC A	SYBR Green	

注：* 核酸序列中，B代表C,G或T；H代表A,C或T；M代表A,C或T；R代表A或G；W代表A或T；Y代表T或C。

表 2 - 7　qPCR 反应溶液体系

引 物 类 别	Msc	Mst	MMB	BAC	ARC	MBT	Methanosarcina	Methanoculleus
MIX (×)	1	1	1	1	1	1	1	1
PrimerF (μmol/L)	0.4	0.4	0.3	0.3	0.3	0.4	0.3	0.6
PrimerR (μmol/L)	0.4	0.4	0.3	0.3	0.3	0.4	0.3	0.6
Taqman (μmol/L)	0.2	0.1	0.2	0.15	0.1	0.1	—	—
$[(CH_3)_4N]Cl$ (mmol/L)	0	0	0	0	0	0	10	10
H_2O (μL)	2.7	3	3	2.15	2.3	3	2.45	2.55
DNA template (μL)	3	3	3	3	3	3	3	3

表 2 - 8　qPCR 扩增程序[162, 168, 175, 190]

目标微生物 / 引物对	预变性	变 性	退 火	延 伸	循环数	最终延伸
Bacteriales	94℃	94℃	60℃	60℃		—
BAC	10 min	10 s	30 s	30 s	45	
Archeae	94℃	94℃	60℃	60℃		
ARC	10 min	10 s	30 s	30 s	45	
Methanobacteriales	94℃	94℃	60℃	60℃		
MBT	10 min	10 s	30 s	30 s	45	

续表

目标微生物/引物对	预变性	变 性	退 火	延 伸	循环数	最终延伸
Methanomicrobiales	94℃	94℃	63℃	60℃		
MMB	10 min	10 s	30 s	30 s	45	
Methanosarcinaceae	94℃	94℃	60℃	60℃		—
Msc	10 min	10 s	30 s	30 s	45	
Methanosaetaceae	94℃	94℃	60℃	60℃		
Mst	10 min	10 s	30 s	30 s	45	
Methanoculleus	95℃	95℃	65℃	72℃		65~95℃
	5 min	20 s	20 s	20 s	40	0.5 ℃/min
Methanosarcina	95℃	95℃	65℃	72℃		65~95℃
	5 min	20 s	20 s	20 s	40	0.5 ℃/min
acetogens	95℃	95℃	52℃	72℃		65~98℃
ACS-set	5 min	15 s	20 s	13 s	40	0.2 ℃/s
acetogens	94℃	94℃	55℃	72℃		65~98℃
FTHFS-set	5 min	45 s	45 s	1 min	30	0.2℃/s

表 2-9 构建 qPCR 标准曲线的 DNA 标准品信息

引物对	DSMZ 号	种　名	目　名	域名	DNA 长度/bp
Msc	3647	*Methanosarcina mazei*	*Methanosarcinales*	*Archaea*	1 349
Mst	2139	*Methanosaeta concilii*	*Methanosarcinales*	*Archaea*	1 346
MMB	3045	*Methanoculleus bourgensis*	*Methanomicrobiales*	*Archaea*	1 342
MBT	3091	*Methanosphaera stadtmanae*	*Methanobacteriales*	*Archaea*	1 349
ARC	4304	*Archaeoglobus fulgidus*	*Archaeoglobales*	*Archaea*	1 367
BAC	10	*Bacillus subtilis*	*Bacillales*	*Bacteria*	1 407
Methanosarcina	3647	*Methanosarcina mazei*	*Methanosarcinales*	*Archaea*	1 349
Methanoculleus	3045	*Methanoculleus bourgensis*	*Methanomicrobiales*	*Archaea*	1 342

$$
\begin{aligned}
\text{gene copies} = &(\text{DNA concentra tion } [\text{ng}/\mu\text{L}]) \\
&\times \left(\frac{1\text{ g}}{1\times10^9\text{ ng}}\right)\left(\frac{1\text{ mol bp DNA}}{660\text{ g DNA}}\right) \\
&\times \left(\frac{6.023\times10^{23}\text{ bp}}{\text{mol bp}}\right)\left(\frac{1\text{ copy}}{\text{genome or plasmid size } [\text{bp}]}\right) \\
&\times (\text{volume of template } [\mu\text{L}]) \quad\quad (2-2)
\end{aligned}
$$

3. DNA 纯化

酚氯仿提取法获得的 DNA 需进行纯化。纯化方法如下:

(1) DNA 收集,采用 1.0% 琼脂糖凝胶电泳(10 g/L 琼脂糖,1×TAE)使 DNA 聚集,形成目的 DNA 片段。

(2) 将含有目的 DNA 片段的琼脂糖凝胶切下(尽量切除多余部分),并放入 1.5 mL 离心管中。

(3) 采用 TIANgel Midi DNA 纯化试剂盒(天根生化科技有限公司,北京,中国),按照说明对 DNA 进行纯化。

（4）采用紫外分光光度计（NanoDrop2000c，Thermo Scientific.，U.S.A.）检测回收得到的 DNA 溶液的浓度。

2.4.4　FISH

对于液体样品，将装有约 1.5 mL 液体样品的 Eppendorf 管置于离心机上，于 4℃下以 13 400 r/min 的转速离心 10 min 后，弃去上清液，管内沉淀物即包含了液相中的微生物絮体和悬浮细胞，此沉淀物用于后续的 FISH 实验。实验流程包括样品固定、杂交和观测。具体方法如下：

1. 固定

（1）向管内加入 500 μL 磷酸盐缓冲溶液（1×PBS），振荡使沉淀物悬浮。

（2）再加入 1 500 μL 4% 的多聚甲醛（PFA）溶液，微振荡使溶液混合均匀。

（3）在 4℃下培养 3 h。

（4）离心（13 400 r/min，5 min）后，移除上清液。

（5）加入 500 μL PBS 溶液洗沉淀物，离心（13 400 r/min，5 min）后，移除上清液。

（6）再加入 500 μL PBS 溶液使沉淀物悬浮，加入 500 μL 乙醇（95%）混合后，放入 −20℃冰箱保存。

2. 杂交

（1）取 5～10 μL 已固定的样品，置于载玻片（30 - 154H - Green - CE24，Thermo Scientific，U.S.A.）小孔内，于 46℃下烘干 10 min；

（2）配置杂交缓冲液，每 mL 杂交缓冲液包括：180 μL 的 5 mol/L NaCl，20 μL 的 1 mol/L Tris - HCl（pH 8.0），一定浓度的甲酰胺溶液 800 μL（表 2 - 10）和 10% SDS 溶液 2 μL。

表 2 - 10　杂交缓冲溶液配置

甲酰胺浓度	甲酰胺/μL	H_2O/μL
0	0	800
5%	50	750
10%	100	700
15%	150	650
20%	200	600
25%	250	550
30%	300	500
35%	350	450
40%	400	400
45%	450	350
50%	500	300
55%	550	250
60%	600	300
65%	650	150
70%	700	100
80%	800	0

（3）将烘干的载玻片依次放入 50%、80% 和 96% 的乙醇中脱水，每次停留 3 min，同时取出并解冻 FISH 探针。

（4）在载玻片上已脱水的样品上滴加 10 μL 杂交缓冲液和各种探针溶液各 1 μL（探针浓度约 50 ng/μL）。

（5）将载玻片放入 50 mL 杂交培养管（Falcon tube）。

（6）准备一块滤纸，将其用剩余杂交缓冲液润湿后放入培养管中，旋紧管盖，以防止样品上缓冲液中水分的流失。

（7）46℃ 下培养 2 h 或过夜。

（8）配置 50 mL 清洗缓冲液，其中包含 1 mL 的 1 mol/L Tris-HCl（pH 8.0）和 50 μL 的 10% SDS 溶液，以及一定量的甲酰胺、5 mol/L NaCl 和 0.1 mol/L EDTA 溶液（表 2-11），用灭菌蒸馏水填充到 50 mL，放入 50 mL 离心管（BD tube）中，并将装有清洗缓冲液的离心管放入 48℃ 水浴内加热。

表 2-11　清洗缓冲溶液配置

甲酰胺浓度	5 mol/L NaCl/μL	0.1 mol/L EDTA/μL
0	9 000	—
5%	6 300	—
10%	4 500	—
15%	3 180	—
20%	2 150	2 500
25%	1 490	2 500
30%	1 020	2 500
35%	700	2 500
40%	460	2 500
45%	300	2 500
50%	180	2 500
55%	100	2 500
60%	40	2 500
70%	0	1 750
80%	0	1 750

（9）杂交结束后，用清洗缓冲液小心冲去载玻片上的杂交液，然后将载玻片放入装有清洗缓冲液的离心管中，再放入 48℃ 水浴内培养 15 min。

（10）取出载玻片，用蒸馏水清洗掉缓冲液，并用压缩空气吹干载玻片上的残余水分。

（11）在样品上方滴一滴抗荧光衰退封片剂（CitiFluor^{TM} AF1，Citifluor Ltd.，U. K.），加上盖玻片，即可观测。

3. 观测

将载玻片放到荧光共聚焦显微镜（Axiovert 200M，Zeiss，Germany）上进行观测（图2-3）。图像处理软件为 ZenLight Edition。

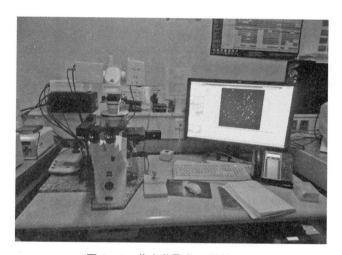

图 2-3　荧光共聚焦显微镜观测

本文 FISH 实验中所用探针信息见表 2-12。

4. 颗粒污泥切片处理方法

另外，对于颗粒污泥样品，需首先进行切片处理后，方可进行杂交实验，具体方法如下：

（1）固定后的颗粒污泥依次分别在 50%、80% 和 100% 的乙醇中脱水 10 min。

（2）分别在乙醇/二甲苯（50∶50，V/V）混合液和二甲苯（100%）中浸泡 20 min。

（3）浸入二甲苯/石蜡（50∶50，V/V）混合液中 30 min，之后转移到

表 2 - 12　FISH 探针

探针名	目标微生物类群	营 养 型	核苷酸序列 5'—3'	在大肠杆菌 DNA 内的相对位置	甲酰胺浓度/%	参考文献
EUB338 mix, FISH	Bacteria		GCTGCCTCCCGTAGGAGT	338—355	0~50	Amann et al. (1990)[181]
	Planctomycetales		GCAGCCACCCGTAGGTGT	338—356		
	Verrucomicrobiales		GCTGCCACCCGTAGGTGT	338—357		
ARC915, FISH	Majority of Archaea		GTGCTCCCCGCCAATTCCT	915—934	—	Crocetti et al. (2006)[182]
MS1414, FISH	Methanosarcinaceae	acetoclastic and hydrogenotrophic	CTCACCCATACCTCACTCGGG	1 414—1 435	50	Raskin et al. (1994)[194]
hMS1395, FISH	MS1414 helper		GGTTTGACGGGGGGTGTG	1 395—1 412	—	Crocetti et al. (2006)[190]
hMS1480, FISH	MS1414 helper		CGACTTAACCCCCCTTGC	1 480—1 497	—	Crocetti et al. (2006)[182]
MX825, FISH	Methanosaetaceae	acetoclastic and hydrogenotrophic	TCGCACCGTGGCCGACACCTAGC	825—847	50	Raskin et al. (1994)[194]
MB1174, FISH	Methanobacteriales	hydrogenotrophic	TACCGTCGTCCACTCCTTCCTC	1 174—1 195	45	Crocetti et al. (2006)[182]
MG1200b - A, FISH	Methanomicrobiales	hydrogenotrophic	CAGATAATTCGGGCATGCTG	1 200—1 220	20f	Crocetti et al. (2006)[182]
MG1200b - G, FISH			CGGATAATTCGGGGCATGCTG			

液态石蜡(Sigma)中 2 h。液态石蜡熔点为 54℃～56℃。

(4) 将浸透石蜡的颗粒污泥放入装满液态石蜡的模子中,小心浸入冷水中使石蜡固化。

(5) 将固定于石蜡中的颗粒污泥采用显微镜用切片机(RM2255, Leica)切成 10～20 μm 厚的薄片(图 2 - 4),用镊子置于载玻片(Poly - L - Lysine coated, Polysciences, Germany)上的水滴中。

(6) 将载有切片样品的载玻片放入 42℃ 恒温箱放置 30 min,直至切片展平,并贴附于覆有多聚赖氨酸的载玻片上。

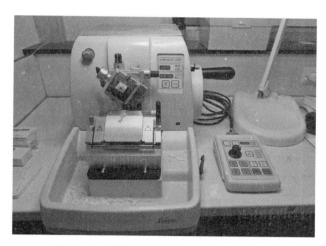

图 2 - 4　石蜡包埋的颗粒污泥的切片过程

(7) 将固定了样品的载玻片置于二甲苯(100%)中 10 min,并重复 3 次。取出后于室温下放置,直至二甲苯完全挥发。

2.4.5　DNA - SIP

定期从反应器内采集污泥,于厌氧操作平台内完成采集过程。污泥采集后,保存于-80℃冰箱。采用 PowerSoil DNA 提取试剂盒(MoBio Laboratories Inc., CA., U. S. A.)提取生物样品中的 DNA,采用

QuantiTTM dsDNA HS 分析试剂盒(Invitrogen)测试获取 DNA 的浓度,测试范围为 $0.2\sim100$ ng/μL,在 Qubit® 2.0 荧光仪(Invitrogen)上读取浓度值。

SIP 实验中采用氯化铯密度梯度超速离心法分离 ^{13}C - DNA 和 ^{12}C - DNA。本实验中使用了超高速离心机(Optima^{TM} Ultracentrifuge,Beckman Coulter Inc. ,California,U. S. A.),配套 TLA - 120.2 型转子和 2 mL 快速密封异质同晶聚合物薄壁管(Quick-Seal polyallomer tubes)。具体操作步骤如下:

(1) 按照表 2 - 13 配制浓度为 0.978 g/mL 的 CsCl 溶液,手温或 30℃加热,温和地混匀溶液,直到 CsCl(99.9%,Sigma - Aldrich)完全溶解。

表 2 - 13　DNA - SIP 实验中 CsCl 溶液配置

样品数量	CsCl/g	TE 缓冲液体积/mL	溶液最终体积/mL	密度/(g $\cdot$ cm^{-3})	折光率
2	4.4	2.3	4.5	1.718	1.401 0
4	8.8	6.6	9	1.718	1.401 0
6	12.2	9.9	12.5	1.718	1.401 0
8	17.6	12.2	18	1.718	1.401 0
10	22	16.5	22.5	1.718	1.401 0

(2) 用 Abe 折光仪测试 CsCl 溶液的折光系数,其折光系数应在 1.401 0 到 1.402 0 之间。若低于 1.401 0,需向溶液中加入少量 CsCl,若高于 1.402 0,则需增加 TE 溶液的量。

(3) 将含有 500 ng DNA 的溶液加入 2 mL 薄壁管中,用 2.5 mL 注射器将约 2 mL 的 CsCl 溶液注入管内。

(4) 利用 CsCl 溶液严格配平各个离心管,并充满整个离心管,使转子内对称放置的 2 管的质量差不高于 0.002 g。然后,密封离心管,装入转子。

(5) 20℃,在 65 000 r/min 下离心 22 h。

(6) 离心结束后,去真空,小心取出离心管。

(7) 用配套的剪刀将离心管顶部密封头除去,置于 Beckman 分级回收系统(Fraction Recovery System)上,分级分离各 DNA 组分。

(8) 采用同样的方法,对未添加标记物的对照实验中取得的样品进行分级。

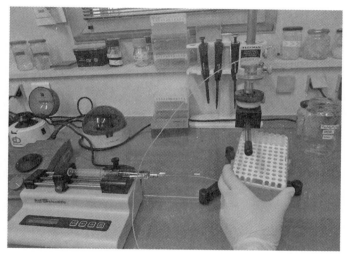

图 2 - 5 SIP 实验中超速离心后 DNA 的分级

(9) 采用 Abe 折光仪测试每个 DNA 组分的折光率,根据式(2-3)计算其密度:

$$密度 = 10.860\ 1 \times 折光率\ 13.497\ 4 \qquad (2-3)$$

(10) 同时,采用 QuantiTTM dsDNA HS 试剂盒(Invitrogen)和 Qubit®2.0 荧光仪测试 DNA 浓度。

(11) 以收集到的各 DNA 组分(包括取自 SIP 实验和未标记对照实

验的样品)的密度(g/cm³)为横坐标,以 DNA 浓度为纵坐标作图。

(12) 根据以上作图中 SIP 实验和未标记对照实验的 DNA 在不同密度组分中分布的差异,区分¹³C‑DNA 和¹²C‑DNA。

(13) 将¹³C‑DNA 组分和¹²C‑DNA 组分分别汇集于 MicroCon YM‑30 DNA 纯化柱(Millipore)内,以 14 000 g 的转速离心 30 min,将 DNA 从 CsCl 溶液中分离。

(14) 将纯化后的 DNA 溶解于 40 μl Tris‑HCl 缓冲液(0.01 mmol/L,pH 7.5)中,于−20℃保存备用。

2.4.6 焦磷酸测序

焦磷酸测序由美国 Research and testing 实验室(Lubbock,TX,U.S.A.)完成,方法如下:采用引物 28F 和 519R[195]对细菌 16S rRNA 基因的 V1 区域进行扩增。古菌则采用了引物 349F 和 806R[196]。上游和下游引物用于识别和扩增样品中的目标序列。在 454 测序仪中,样品之间通过链接在引物上的 Tag 进行区分。构建的上游引物包括:Linker A、Tag 和细菌的 28F(或古菌的 349F)序列。下游引物包括 Linker B、Tag 和细菌的 519R(或古菌的 806R)序列。PCR 程序为:95℃ 5 min,35 个循环(95℃ 30 s,54℃ 40 s,72℃ 1 min),72℃延伸10 min。采用 RapidTip PCR 纯化枪头和 Ampure beads 纯化汇集的 DNA,将一些短片段和引物二聚体除去。采用 Roche 454 FLX Titanium 方法(www.researchandtesting.com)完成测序过程。然后,分析处理所有的测序结果。去掉空载体、测序质量差的序列以及 PCR 嵌合体序列后,得到古菌和细菌群落的高质量序列。之后,通过 Blast 功能将这些序列与 RDP 数据库的已知序列进行比对,对所获得的序列进行分类学分析。

2.5　数据分析与计算方法

2.5.1　Gompertz 模型分析甲烷产生过程

本文中采用三参数 Gompertz 模型[197]拟合累计产甲烷过程,以获得最大比产甲烷速率($\mu_{\max}$)和产甲烷迟滞期(λ)。模型公式如下:

$$M(t) = P \cdot \exp\left\{ -\exp\left[\frac{\mu_{\max} \cdot e}{P}(\lambda - t) + 1 \right] \right\} \qquad (2-4)$$

式中,$M(t)$ 为培养 t 天后反应器内的累积比产甲烷量(mol - CH$_4$/mol - acetate);P 为培养结束时的最大产甲烷潜力(mol - CH$_4$/mol - acetate);t 为培养时间(d);$\mu_{\max}$ 为最大比产甲烷速率[mol - CH$_4$/(mol - acetate · d)];λ 为产甲烷迟滞期(d);e 为自然常数,约为 2.718 28。采用 Origin Pro 8.0 软件进行拟合。

采用 Origin Pro 8.0 软件中的 Differentiate 功能,分析累计甲烷产生曲线和乙酸浓度变化曲线,得到瞬时甲烷产生速率 R_{CH_4}(mol - CH$_4$/d)和乙酸降解速率 R_{ac}[mmol/(L · d)]。

2.5.2　游离氨浓度的计算

采用式(2-5)计算游离氨态氮(FAN)浓度[198],具体如下:

$$\text{FAN} = \frac{10^{pH}}{\exp\left(\dfrac{6\,334}{273 + T(\text{℃})} \right) + 10^{pH}} \times \text{TAN} \qquad (2-5)$$

式中,T 为反应器内的温度(℃);pH 为液相的 pH;TAN 为总氨氮浓度(mmol/L)。

2.5.3　天然稳定碳同位素指纹识别产甲烷途径的方法

1. 产甲烷途径贡献率的计算

根据图 1-7 所显示的碳和稳定碳同位素比值在厌氧产甲烷过程中的变化,可采用式(2-6)计算总的甲烷产生量[138]。

$$m = (f_{ma} + f_{mc} + f_{mi}) \times m \qquad (2-6)$$

式中,m 是生成的 CH_4 总量,f_{ma} 是通过乙酸发酵型途径生成的甲烷的比例,f_{mc} 是由 CO_2 还原型途径生成的甲烷的比例,f_{mi} 是由甲基发酵型途径生成的甲烷的比例。生物质废物的厌氧甲烷化过程中,一般仅乙酸发酵型和 CO_2 还原型途径参与,因此,甲烷的生成可简化为式(2-7)。

$$m = (f_{ma} + f_{mc}) \cdot m = [(1 - f_{mc}) + f_{mc}] \cdot m \qquad (2-7)$$

根据甲烷化过程的碳质量平衡可知:

$$\delta CH_4 = f_{mc} \times \delta_{mc} + (1 - f_{mc}) \times \delta_{ma} \qquad (2-8)$$

式中,δ_{mc} 为 CO_2 还原途径生成的甲烷中稳定碳同位素含量,δ_{ma} 为乙酸发酵型途径生成的甲烷中稳定碳同位素含量。由此,f_{mc} 可通过下式计算:

$$f_{mc} = \frac{\delta CH_4 - \delta_{ma}}{\delta_{mc} - \delta_{ma}} \qquad (2-9)$$

而 δ_{mc} 和 δ_{ma} 可根据其底物 CO_2 和乙酸甲基中的稳定碳同位素比值以及反应过程中的稳定碳同位素富集效应因子 ε[5,138] 确定,见式(2-10)和式(2-11)。

$$\delta_{ma} = \delta_{ac\text{-}methyl} + \varepsilon_{ma} = \delta_{ac\text{-}methyl} + (1 - \alpha_{ma}) \times 10^3 \qquad (2-10)$$

$$\delta_{mc} = \delta CO_2 + \varepsilon_{mc} = \delta CO_2 + (1 - \alpha_{mc}) \times 10^3 \qquad (2-11)$$

式中，$\delta_{ac\text{-}methyl}$ 为乙酸甲基中的稳定碳同位素比值，ε_{ma} 为乙酸发酵型产甲烷途径中的稳定碳同位素富集效应因子，α_{ma} 为通过该途径生成的甲烷中的稳定碳同位素比值；δCO_2 为 CO_2 中的稳定碳同位素含量，ε_{mc} 为 CO_2 还原型产甲烷途径中的稳定碳同位素富集效应因子，α_{mc} 为通过该途径生成的甲烷中的稳定碳同位素比值[143]。

2. 表观产甲烷同位素分馏因子

参数"表观产甲烷同位素分馏因子（α_c）"常用于甲烷生成途径的粗略判断[199]。可由实测的 δCH_4 和 δCO_2 值，根据式（2-12）计算 α_c 的值[200]。

$$\alpha_c = \frac{\delta CO_2 + 10^3}{\delta CH_4 + 10^3} \qquad (2-12)$$

第 3 章

低 pH 对酸胁迫下厌氧产甲烷微生态的影响

3.1 概　　述

易降解生物质废物(如食品废物)的厌氧消化过程中,快速的水解酸化和慢速的甲烷化难以达到平衡,有机酸快速积累,其浓度可达到数十g/L,而 pH 也会迅速下降,可低至 $4.0 \sim 5.5$[99, 126, 127, 131]。高浓度有机酸和低 pH 相互作用抑制了甲烷化,使反应器进入酸抑制状态。由于产甲烷菌生长速率低,且对环境高度敏感,一旦进入酸抑制状态,甲烷化的启动就需要经历较长的迟滞期。有研究者认为,此时对产甲烷菌产生抑制作用的是低 pH 下较高浓度的游离态有机酸[106]。高浓度的游离态有机酸可成为细胞膜上的质子梯度解偶联剂或质子异位体[87-89]。因此,pH 成为决定有机酸毒性的关键因子。另外,厌氧消化系统内产甲烷菌和发酵细菌各自生长最适的 pH 范围也不同[32, 33]。高浓度有机酸和低 pH 的相互作用,影响了产甲烷微生态的菌群结构和功能。

酸抑制状态下,甲烷化的启动依赖于嗜乙酸微生物种群的生长。Staley 等人[99]发现,处于酸化状态下(pH 5.5)的厌氧填埋柱中,甲烷八叠球菌通过乙酸发酵型甲烷化途径转化乙酸,成为逐渐解除酸抑制的重要甲烷化中心。Kotsyurbenko 等人[70]则发现,高度酸性环境下(pH 4.5)甲烷化启动过程中,乙酸主要通过乙酸氧化和氢营养型甲烷化的联合途径向甲烷转化。目前,两种嗜乙酸产甲烷菌群在酸抑制状态下甲烷化启动过程中的贡献尚不清楚。根据已有的研究结果,pH 很可能在甲烷化的启动方式和功能微生物的选择上起着重要作用,但其影响规律尤其是对不同种类嗜乙酸微生物的选择作用仍鲜见报道。

为研究低 pH 的酸性环境中产甲烷微生态对酸胁迫的响应机制,本章节对 100 mmol/L 的乙酸在初始 pH 范围在 5.0~6.5 下的转化过程进行了研究。利用天然稳定碳同位素分析,ARISA 和 qPCR 技术,从代谢流、代谢途径和微生物菌群结构等多角度,分析了不同 pH 状态酸胁迫下厌氧产甲烷微生态的转变规律。

3.2 实验材料与方法

3.2.1 接种污泥

实验所用接种污泥为高温厌氧甲烷化污泥 TCS,其性质见本书 2.1.1 章节。污泥的 TS 为 14.19%,VS 为 76.79%(%TS)。实验开始前,将采集的污泥浸入预热至 55℃ 的厌氧培养基中过夜,以去除残余碳源。

3.2.2 反应器设置与操作

本实验采用总容积为 330 mL 的玻璃瓶(Fisher Scientific Laboratory,USA)作为反应容器。液相的体积为 100 mL。反应体系采用改良的 BMP 培养基作为基础培养基(表 2-2),添加微量元素(表 2-

3)和维生素储备液(表2-4)。添加 CH_3COONa(分析纯,上海国药试剂有限公司,中国)作为碳源,初始乙酸浓度为 100 mmol/L。另取适量污泥作为接种物,接种浓度为 3 g-VS/L。实验中欲以 CH_3F 为乙酸发酵型甲烷化途径抑制剂,通过添加 CH_3F 分离乙酸发酵型和氢营养型产甲烷途径,因此设置了添加和不添加 CH_3F(气相中浓度为 3%,V/V)的两组。CH_3F 的使用方法根据文献[136-138]和预实验中的研究结果确定。对为测试污泥内源呼吸的产甲烷效应,本实验还设置了一组不添加乙酸基质的反应器作为空白(Blank)对照。反应器设置及命名见表3-1,每组有 2 个反应器。

表 3-1　不同初始 pH 的反应器设置

反应器名称	接种污泥	基质	基质浓度 mmol/L	CH_3F 浓度 (V/V)	初始 pH
pH 5.0	高温污泥 TCS	CH_3COO^-	100	0	5.00
pH 5.5					5.50
pH 6.0					6.00
pH 6.5					6.50
CH_3F-pH 5.0	高温污泥 TCS	CH_3COO^-	100	3%	5.00
CH_3F-pH 5.5					5.50
CH_3F-pH 6.0					6.00
CH_3F-pH 6.5					6.50
Blank	高温污泥 TCS	—	0	0	6.50

液相体系构建完成后,向反应器气相通入 N_2(99.999%)5 min,并用真空泵抽吸循环 5 次(2 min/次),以驱除其中的空气。之后将其放入 55℃恒温箱静置培养。定时采集和测试气相和液相样品,直至乙酸浓度低于检测限。培养结束时,取出一定量污泥样品用于微生物菌群检测。

3.2.3　测试指标与方法

1. 气相

同 2.2.1 节。

气相的稳定碳同位素比值 $\delta^{13}CH_4$ 和 $\delta^{13}CO_2$ 的测试方法同 2.3 章节。

2. 液相

同 2.2.2 节。

3. 固相

同 2.2.3 节。

4. qPCR

采用酚氯仿提取法获得污泥中的 DNA(参照本书 2.4.1 章节)。提取后的 DNA 经 TIANgel Midi DNA 纯化试剂盒纯化后用做 PCR 反应的 DNA 模板(参照本书 2.4.3.3 章节)。每个 PCR 反应体系为 20 μL，包括：10 μL SYBR Premix Ex - TaqTM 溶液(TaKaRa,Japan)、2 μL DNA 模板溶液、ACS - set 引物溶液各 0.9 μL(或 FTHFS - set 引物溶液各 0.8 μL)和 7.2 μL Milli - Q 水。PCR 反应在 Mastercycler® ep realplex^2 qPCR 仪(Eppendorf AG,Hamburg,Germany)内进行。每个样品进行了 2 平行测试。其他参考本书 2.4.3 节。

5. 数据分析与计算方法

同 2.5 节。

3.3　实验结果与讨论

3.3.1　乙酸的厌氧甲烷化过程

如图 3 - 1 所示,不同初始 pH 下,产甲烷反应在经历了 2～18 d 的迟滞期后逐渐启动[图 3-1(a)和图 3-1(b)]。采用 Gompertz 模型拟合累计甲烷产量随时间的变化曲线,据此评估微生物菌群的产甲烷活力,结果见表 3-2。拟合结果显示,初始 pH 的降低延长了迟滞期。未添加 CH_3F 的反应器中,初始 pH 为 6.5、6.0 和 5.5 时,迟滞期分别为 1.6 d、3.4 d 和 16.9 d。CH_3F 抑制了乙酸发酵型甲烷化途径,使得甲烷化启动延迟了 1~2 d,且降低了比甲烷产生速率(μ_{CH_4})。暴露于 CH_3F 下的最大比产甲烷速率仅为未添加 CH_3F 时的 29%~42%。可见,甲烷化启动过程可能是在乙酸发酵型甲烷化途径和共生乙酸氧化途径的共同作用下进行。

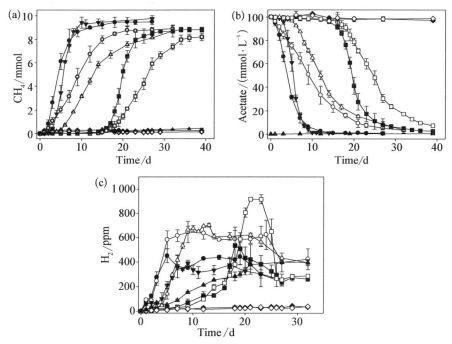

(a) 累计甲烷产量,(b) 乙酸浓度,(c) H_2 分压;(○) pH 6.5,(●) CH_3F-pH 6.5,(△) pH 6.0,(▼) CH_3F-pH 6.0,(□) pH 5.5,(■) CH_3F-pH 5.5,(◇) pH 5.0,(◆) CH_3F-pH 5.0,(▲) Blank

图 3-1　不同 pH 各反应器的产气情况和乙酸浓度

注:图中数据点为 2 平行实验的平均值,误差线表示数值范围。

表 3 - 2 不同 pH 各反应器产甲烷过程的 Gompertz 模型拟合结果

CH$_3$F 浓度 (V/V, 气相)	初始 pH	游离乙酸浓度/ (mmol·L^{-1})	产甲烷迟滞期 λ /d	最大比产甲烷速率 μ_{CH_4} /mol/(mol-acetate·d)	最大产甲烷潜力 P /mmol	R^2
0	6.5	1.9	1.6	0.184	9.3	0.998
3%	6.5	1.9	2.6	0.078	9.0	0.993
0	6.0	5.9	3.4	0.238	9.6	0.996
3%	6.0	5.9	5.4	0.069	8.5	0.995
0	5.5	16.5	16.9	0.168	8.8	0.996
3%	5.5	16.5	17.9	0.064	8.7	0.996
0	5.0	38.4	—			
3%	5.0	38.4	—			
0	6.5	0	9.0	0.002	0.5	0.997

在不同的初始条件下,甲烷化启动过程伴随着氢气分压(pH$_2$)的快速增加。当乙酸即将耗尽时,氢分压开始降低(图 3 - 1 c)。暴露于 CH$_3$F 的反应器中的 pH$_2$ 约为未添加 CH$_3$F 时的 1.5～2.0 倍,反应器上方累积的 H$_2$ 很可能由共生乙酸氧化反应产生,pH$_2$ 的降低则可能是氢营养型产甲烷菌的消耗所致。pH$_2$ 的波动反映了乙酸氧化和氢营养型甲烷化的动态变化。而 pH 5.5 时,pH$_2$ 较大的波动幅度表明低 pH 下乙酸氧化反应和氢营养型甲烷化更为活跃。

在初始 pH 为 5.0 时,乙酸向甲烷的转化过程在 39 d 的培养期内始终未启动。而且,与未添加乙酸的空白对照组相比,中间代谢产物如 H$_2$(分压低于 40 ppm)和 CO$_2$(以液相 TIC 计,低于 4 mmol/L)的浓度始终处于较低水平,说明微生物的代谢活力被低 pH 所形成的高酸度所抑制。

3.3.2 低 pH 下游离态乙酸形成的胁迫

通常认为,大部分产甲烷菌生存的最适 pH 范围为 6.8～7.5,可耐受的 pH 范围在 6.1～8.3[81]。因此,pH 低于 6.0 的环境本身已对产甲烷菌的生长产生抑制。

除了 pH 本身的影响,低 pH 下乙酸及其他挥发性有机酸的未解离部分显著增加,进而对微生物细胞产生毒性。Anderson 等人[105]发现,游离态乙酸的起始抑制浓度为 0.5 mmol/L。Fukuzaki 等人[104]则发现,0.5～2.0 mmol/L 的游离态乙酸对乙酸营养型产甲烷菌(包括甲烷鬃毛菌 *Methanosaeta* sp. 和甲烷八叠球菌 *Methanosarcina* sp.)产生抑制。相对于乙酸营养型产甲烷菌,氢营养型产甲烷菌对于低 pH 具有较强的耐受力,但在高酸度下仍然会受到游离乙酸的胁迫[107]。van Kessel 和 Russell[108]即观测到,100 mmol/L 的乙酸浓度下,pH 的降低使得瘤胃产甲烷菌迅速受到抑制;而相同 pH 下,乙酸浓度的增加也会降低甲烷的产率。Horn 等人[95]和 Bräuer 等人[107]等也报道了氢营养型产甲烷菌受到高浓度游离态有机酸抑制的现象。

如表 3-2 所示,在本研究中,当 pH 低于 6.0 时,超过 5.9% 的乙酸以游离形式存在(根据 55℃ 下乙酸的 $pK_a = 3.795$ 计算)[201]。pH 范围在 5.0～6.0 时,高达 5.9～38.4 mmol/L 的初始游离态乙酸浓度同样会对产甲烷菌产生强烈抑制。可见,酸性环境下,高浓度游离态乙酸和低 pH 对于初始时的甲烷化抑制起到关键作用。

本研究中产生显著抑制的游离态乙酸浓度(16.5 mmol/L)远高于文献报道值(<6.0 mmol/L)[95,104,105,107,108],这可能是由于本研究体系中采用了颗粒污泥,微生物的层状颗粒态分布可以对处于内层的产甲烷菌形成保护。

3.3.3　甲烷化代谢途径分析

如图 3-2 所示,在无 CH_3F 时,甲烷化过程的稳定碳同位素分离效应因初始 pH 的不同产生较大差异。在 pH 5.5 的反应器中 $\delta^{13}CH_4$ 的平均值为$(-57.9\pm2.8)‰$,而在 pH 6.5 和 pH 6.0 的反应器中,则分别为$(-46.1\pm3.5)‰$和$(-46.4\pm7.0)‰$(表 3-3)。由此表明,pH 5.5 下氢营养型甲烷化途径的贡献更大。

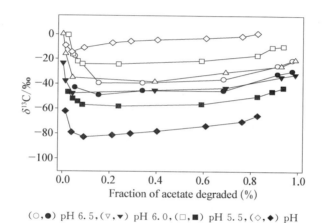

$(○,●)$ pH 6.5,$(▽,▼)$ pH 6.0,$(□,■)$ pH 5.5,$(◇,◆)$ pH 5.5;$(○,△,□,◇)$ $\delta^{13}CO_2$,$(●,▼,■,◆)$ $\delta^{13}CH_4$

图 3-2　不同 pH 各反应器内的 $\delta^{13}CH_4$ 和 $\delta^{13}CO_2$

为计算氢营养型甲烷化途径的贡献率(f_{mc}),监测了初始 pH 为 5.5 且暴露于 CH_3F 下的反应器内的 $\delta^{13}CH_4$ 和 $\delta^{13}CO_2$,以此作为氢营养型甲烷化途径产物的稳定碳同位素特征值。在低 pH 和 CH_3F 双重胁迫下,甲烷化反应产生了强烈的稳定碳同位素分馏效应(表 3-3)。$\delta^{13}CH_4$ 和 $\delta^{13}CO_2$ 分别为$-84‰\sim-68‰$和$-9.5‰\sim-0.6‰$,α_c 则达到 1.083,呈现出典型的氢营养型甲烷化代谢途径的特征[200]。可见,在 pH 5.5 且存在乙酸发酵型途径抑制因子时,共生乙酸氧化和氢营养型甲烷化途径可独立启动,相应的,乙酸氧化共生菌群成为甲烷化中心。

表 3 - 3　不同 pH 各反应器内游离乙酸浓度和产甲烷途径分布

CH$_3$F 浓度 (V/V, 气相)	初始 pH	游离乙酸 /mmol·L^{-1}	$\delta^{13}CH_{4-new}$ /‰	$\delta^{13}CO_{2-new}$ /‰	α_c	f_{mc}
0	6.5	1.9	-46.1 ± 3.5	-38.4 ± 3.2	1.008	21%
0	6.0	5.9	-46.4 ± 7.0	-35.8 ± 12.5	1.014	22%
0	5.5	16.5	-57.9 ± 2.8	-25.7 ± 7.0	1.034	51%
3%	5.5	16.5	-76.5 ± 9.1	-3.5 ± 3.2	1.083	100%
0	6.5	0.0	-35.8 ± 3.2	-2.3 ± 0.6	1.037	0.7%

注：$\delta^{13}CH_{4-new}$、$\delta^{13}CO_{2-new}$、α_c 和 f_{mc} 是根据乙酸降解率在 10%～80% 期间获得数据的计算结果。

随着乙酸的逐渐降解，由于甲烷化反应更喜好利用轻质碳，致使重质的 ^{13}C 在液相残余乙酸内富集。当乙酸浓度降到极低时，富集效应使得 $\delta^{13}CH_4$ 和 $\delta^{13}CO_2$ 均出现大幅度增加。因此，在评价甲烷化代谢途径时仅利用了乙酸降解率为 10%～80% 阶段的数据。

在初始 pH 5.5 且无 CH$_3$F 存在时，稳定碳同位素分馏效应显著减弱，其 $\alpha_c=1.034$，为乙酸发酵型途径和氢营养型途径混合进行的特征[139]，此时氢营养型甲烷化途径的比例约为 51%。而在 pH 6.5 和 6.0 的反应器内，α_c 分别为 1.008 和 1.014，此时甲烷主要通过乙酸发酵型途径产生，氢营养型甲烷化途径的比例仅占到 21%～22%。

3.3.4　共生乙酸氧化细菌的丰度

由以上分析可知，乙酸氧化和氢营养型甲烷化的联合途径在低 pH 酸胁迫下的甲烷化启动过程中起到关键作用。随着初始pH的降低，该途径所占的比例逐渐增加，由此推测，共生乙酸氧化细菌可能对酸胁迫具有较强的耐受性。为进一步验证共生乙酸氧化细菌在各研究体系中的分布，采用 qPCR 技术对其在不同培养条件下的丰度进行了定量分析。

　　针对共生乙酸氧化细菌,采用了基于功能基因的 qPCR 技术,以该类细菌持有的编码甲酰四氢叶酸合成酶(FTHFS)和乙酰辅酶 A 合成酶(ACS)的基因设计引物,作为其生物标记物进行定量分析。FTHFS 和 ACS 本来是厌氧乙酸化过程中一氧化碳还原酶/乙酸辅酶 A(CODH - acetyl - CoA)途径的关键酶种。目前已分离培养并实现分类学鉴定的乙酸氧化细菌大部分属于同型产乙酸菌(包括 *C. ultunense*, *S. schinkii*, *T. phaeum* 和 *T.* acetatoxydans)。它们既可利用 CODH/ acetyl - CoA 的生物化学体系将 H_2/CO_2 还原成乙酸,称为还原型 CODH/acetyl - CoA 途径;又可逆向利用这一体系,将乙酸氧化为 H_2/ CO_2,称为氧化型 CODH/acetyl - CoA 途径。两种反应利用了相同的酶体系。因此,尽管以 FTHFS 和 ACS 基因为目标设计的 FTHFS - set 和 ACS - set 引物原本是被用于标记产乙酸菌,但共生乙酸氧化细菌同样可以被检测到。由于本实验体系以乙酸为单一碳源,共生乙酸氧化细菌为唯一可利用该底物的乙酸菌群,故 FTHFS 和 ACS 基因丰度的改变可指示乙酸氧化细菌的数量变化。

　　如图 3 - 3 所示,接种污泥内 ACS 基因的丰度为 265 copies/ng - DNA。培养末期,pH 为 5.5 的反应器内,ACS 基因丰度显著增加,达到 5.1×10^3 copies/ng - DNA;而在 pH 6.0 时,则增加到 1.1×10^3 copies/ ng - DNA。在 pH 6.5 和 5.0 的反应器内,ACS 基因丰度则分别下降到 47 和 23 copies/ng - DNA。FTHFS 基因的丰度比 ACS 基因高 2~3 个数量级,而且在不同初始 pH 下变化幅度较小,但相比之下,仍然是 pH 5.5 反应体系的丰度最高。

　　由此可以推测,在初始 pH 5.5 的体系内,乙酸氧化共生菌群快速生长。而在初始 pH 5.0 时,100 mmol/L 乙酸和低 pH 产生的酸胁迫抑制了大部分微生物的活力,包括共生乙酸氧化细菌(表现为 ACS 丰度在培养周期内的降低)。总的来说,qPCR 结果所显示的乙酸氧化细菌丰

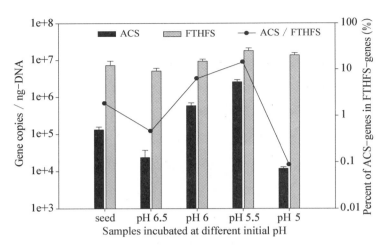

图 3 - 3　不同 pH 各反应器内 ACS 和 FTHFS 的基因丰度

注：ACS/FTHFs 表示两种基因的丰度比值。比值图中数据点为 2
平行测试的平均值，误差线表示数值范围

度的变化与稳定同位素示踪技术指示的代谢途径变化规律相吻合。

同为乙酸菌的标记物，FTHFS 基因丰度却始终高于 ACS 基因，这可能源于两种引物的特异性和敏感度差异。FTHFS - set 引物难以屏蔽来自硫酸盐还原细菌、某些产甲烷菌和其他非产乙酸细菌的 FTHFS 基因。另外，不同生存环境下功能基因的转录水平不同，使得基因的拷贝数和细胞浓度或活性之间存在差异。这些因素都可能导致 FTHFS - set 引物的特异性劣于 ACS - set 引物[168]。

目前，针对甲烷化中心理论已有数种假设。Mummey 等人[130]根据对土壤产甲烷菌群的研究提出，不均匀分布的局部的中性 pH 区域可作为甲烷化启动中心。而 Staley 等人[99]则根据对模拟厌氧填埋柱中生物质废物的降解过程，提出反应前沿波理论，认为耐酸毒性的巴氏甲烷八叠球菌 *Methanosarcina barkeri* 可形成中性 pH 的反应前沿面，并逐渐向低 pH 区域扩展。Vavilin 等人[38]则提出，在城市生活垃圾厌氧消化过程中甲烷八叠球菌可形成多细胞聚集体，以抵抗高浓度 VFAs 的抑制,进而形成甲烷化中心。在本研究中,天然稳定碳同位素示踪和基于功能基因的 qPCR 结果均显示,乙酸氧化共生菌群可作为低 pH 酸胁迫下甲烷化中心形成的另一种机制。此观点也得到了 Kotsyurbenko 等人[70]和 Qu 等[5]的研究结果的支持。

由于使用了颗粒态污泥作为接种污泥,本研究中微生物针对胁迫的响应行为具有一定的特异性。微生物的层状颗粒态结构分布使其对各种环境胁迫具有较强的耐受性,进而显著提高了游离态乙酸的抑制浓度阈值。

3.4　小　　结

(1) 酸性环境下,pH 的降低增强了酸胁迫对甲烷化反应的抑制效应,表现为迟滞期的延长和最大产甲烷速率的降低。

(2) 在初始乙酸浓度 100 mmol /L 的中性和微酸性(初始 pH 范围在 6.0～6.5)环境中,甲烷主要通过乙酸发酵型途径产生,氢营养型甲烷化途径的比例仅为 21%～22%;而在 pH 5.5 的酸性环境中,共生乙酸氧化和氢营养型甲烷化联合途径的贡献显著增加(约为 51%),共生乙酸氧化细菌的丰度也显著提高。

(3) 当乙酸发酵型产甲烷途径被抑制时,乙酸的厌氧甲烷化过程可通过共生乙酸氧化和氢营养型甲烷化的联合途径进行。乙酸氧化共生菌群在低 pH 酸胁迫环境中的甲烷化启动过程中起到关键作用。

(4) 与悬浮的微生物细胞相比,颗粒态污泥内的微生物具有较高的游离态乙酸抑制浓度阈值。微生物的颗粒态层状结构分布提高了其对酸胁迫的耐受性。

第4章
乙酸浓度对酸胁迫下厌氧产甲烷微生态的影响

4.1 概　　述

厌氧生境中,核心微生物产甲烷菌具有低生长速率和对各种生态因子(如 pH 和 VFAs 浓度等)的高度敏感性[30]。因此,厌氧消化工艺在遭受高有机负荷冲击或者消化原料为含水率高易降解的生物质废物时,容易产生酸抑制现象。高浓度 VFAs 的累积伴随着 pH 的大幅波动使得产甲烷菌群受到抑制,极大地影响了工艺的稳定性和甲烷转化率[7, 8]。酸胁迫的形成往往伴随着 pH 和 VFAs 的相互作用,而 pH 的变化可强化或削弱高浓度 VFAs 的抑制作用。作为厌氧生境中的关键生态因子,pH 和 VFAs 浓度各自均对微生物菌群结构及其功能具有重要的选择作用[99]。深入研究高浓度酸冲击下胁迫产生和解除过程中微生态的变化响应规律,以及 pH 在此过程中的作用机制,对于解决工艺运行不稳定和抑制产生后恢复启动慢的问题具有重要意义。

乙酸是发酵及乙酸化过程的产物和甲烷化的主要底物。酸抑制的自然解除取决于乙酸向甲烷的快速流通转化[21]。各嗜乙酸微生物种群之间的竞争关系和对胁迫的适应能力成为重要的研究方向。尽管针对 VFAs 浓度对产甲烷种群的选择作用已有一些报道[36, 102, 103],但随着共生乙酸氧化联合途径和乙酸氧化共生菌群的发现,不同环境条件下嗜乙酸微生物间的竞争关系变得极其复杂。已有结论显示,在高氨氮胁迫等不利于甲烷鬃毛菌科 *Methanosaetaceae* 生存的因素存在时,共生乙酸氧化细菌(SAOB)可成为优势功能菌[39, 40, 71, 80]。低 pH 的酸性环境中,SAOB 亦发挥了重要作用(见第 3 章结论)。但针对高浓度酸负荷下各产甲烷菌种群和 SAOB 间相互作用与制约的关系,目前尚存在较大争议[47],pH(碱性)扰动对其竞争关系的影响也鲜见报道。为深入了解酸冲击和胁迫状态下产甲烷微生态的响应机制,本章研究了不同乙酸浓度以及伴随着乙酸降解发生的碱性 pH 扰动对产甲烷微生态的影响规律,并主要关注了乙酸发酵型产甲烷菌和 SAOB 及其伴生的氢营养性产甲烷菌的动态变化,从甲烷化代谢途径和关键微生物种群的丰度变化等多角度阐明产甲烷微生态对酸胁迫(包括酸浓度和碱性 pH)的响应机制。

4.2　实验材料与方法

4.2.1　接种污泥

同 3.2.1 章节。

4.2.2　反应器设置与操作

本实验采用总容积为 1 075 mL 的玻璃瓶(Fisher Scientific Laboratory,U. S. A.)作为反应容器,液相的体积为 500 mL。反应体系采用改良的 BMP 培养基作为基础培养基(表 2-2),添加微量元素(表

2-3)和维生素储备液(表 2-4)。添加 CH_3COONa(分析纯,上海国药试剂有限公司)作为碳源,初始乙酸浓度为 100 mmol/L。另取适量污泥 TCS 作为接种物,接种浓度为 3 g-VS/L。实验中设置了添加和不添加 CH_3F(气相浓度为 3%,V/V)的两组。CH_3F 的使用方法同本书第 3.2.2 章节。培养过程中不控制 pH,但在培养至 15 d 时,用 4 mol/L 磷酸溶液将各反应器内的 pH 调节到 6.8。反应器设置及命名见表 4-1,每组有 2 个反应器。

表 4-1　不同初始乙酸浓度的反应器设置

反应器名称	接种污泥	基质	基质浓度/$(mmol \cdot L^{-1})$	CH_3F 浓度(V/V)	初始 pH
A50	高温污泥 TCS	CH_3COONa	50	0	6.8
A100			100		
A150			150		
A200			200		
CH_3F-A50	高温污泥 TCS	CH_3COONa	50	3%	6.8
CH_3F-A100			100		
CH_3F-A150			150		
CH_3F-A200			200		
Blank	高温污泥 TCS	—	0	0	6.8

液相体系构建完成后,向反应器气相通入 N_2(99.999%)5 min,并用真空泵抽吸循环 5 次(2 min/次),以驱除其中的空气。之后将其放入 55℃恒温箱静置培养。定时采集和测试气相、液相和污泥样品,直至乙酸浓度低于检测限。污泥样品定期从反应器内采集,采集过程在厌氧操作平台(Forma 1029, Thermo Scientific, U.S.A.)内完成。采集结束后,将反应器内充满 N_2,并向填充 CH_3F 的反应器内补充 CH_3F。

4.2.3　测试指标与方法

1. 气相

参照 2.2.1 节。气相中 $\delta^{13}CH_4$ 和 $\delta^{13}CO_2$ 的测试方法参照 2.3 节。

2. 液相

参照 2.2.2 章节。

3. 固相

参照 2.2.3 章节。

4. qPCR

DNA 的提取参照本书第 3.2.3.4 章节。采用 SYBR Green 方法定量分析各微生物种群的丰度,包括甲烷杆菌目 *Methanobacteriales* (MBT－set)、甲烷微菌目 *Methanomicrobiales*(MMB－set)、甲烷鬃毛菌科 *Methanosaetaceae*(Mst－set)、甲烷八叠球菌科 *Methanosarcinaceae*(Msc－set)、古菌 *Archaea*(ARC－set)以及共生乙酸氧化细菌(FTHFS－set 和 ACS－set)。qPCR 中所使用的引物信息见表 2－6。每个 qPCR 反应体系为 20 μL,包括:10 μL SYBR Premix Ex－TaqTM 溶液(TaKaRa,Japan)、2 μL DNA 模板溶液、引物溶液各 0.4 μL 和 7.2 μL Milli－Q 水。qPCR 程序为:预变性 94℃ 10 min;45 个循环包括:变性 94℃ 10 s,退火 60℃(MMB－set 使用 63℃)30 s,延伸 60℃ 30 s;最后于 60℃延伸 7 min。

在本实验中仅对各目标微生物种群进行了相对定量分析,制作标准曲线所用的 DNA 参照模板为纯化后的样品 DNA,针对各古菌类群,其制作过程如下:采用表 2－6 中引物,包括 MBT－set、MMB－set、Mst－set、Msc－set 和 ARC－set 分别对纯化后的 DNA 样品进行扩增,反应体系为 50 μL,包括:1×PCR 缓冲液(5 μL),0.75 U 的 Taq DNA 聚合酶(0.6 μL),0.2 mmol/L 核苷酸(1 μL),0.40 μmol/L 引物(各 0.5 μL),

1.5 mmol/L MgCl$_2$(3 μL)。PCR 程序为：预变性 94℃ 10 min；45 个循环包括：变性 94℃ 10 s，退火 60℃（MMB-set 使用 63℃）30 s，延伸 60℃ 30 s；60℃延伸 7 min。各古菌类群标准曲线的建立方法与共生乙酸氧化细菌相同，参照本书第 2.4.3 节。

PCR 反应均在Mastercycler®ep realplex^2 qPCR 仪（Eppendorf AG, Hamburg, Germany）内进行。共生乙酸氧化细菌的测试方法同 3.2.3 章节。

5. 数据分析与计算方法

参照 2.5 节。

4.3　实验结果与讨论

4.3.1　乙酸的厌氧甲烷化过程

由图 4-1 可知，在培养初期，反应体系建立以后甲烷即开始产生，各反应器均未出现显著的迟滞。不同反应器中比甲烷生成速率（μ_{CH_4}）随着乙酸的厌氧转化发生了剧烈变化。

从乙酸的整个转化过程看，μ_{CH_4} 随着培养时间发生了大幅度的改变，且在添加和未添加 CH$_3$F 时呈现了相似的规律。50 mmol/L 的初始乙酸浓度下，甲烷的产生经历了缓慢增长期、指数增长期和稳定期，其在指数增长期的 μ_{CH_4} 最高达到（0.297±0.046）d^{-1}。而高乙酸浓度下（100～200 mmol/L），μ_{CH_4} 的变化则呈现出显著的"双峰模式"，如图 4-1 c 和 d 所示：培养初期，甲烷迅速产生，第 3～4 d 时，μ_{CH_4} 达到峰值，最高为（0.178±0.029）d^{-1}（出现于初始乙酸浓度为 100 mmol/L 时），称此阶段为"前活跃产甲烷期"；随后 μ_{CH_4} 迅速降低，第 8～10 d 时甲烷以极低速率（无 CH$_3$F 时，μ_{CH_4} < 0.020 d^{-1}；存在 CH$_3$F 时，μ_{CH_4} <

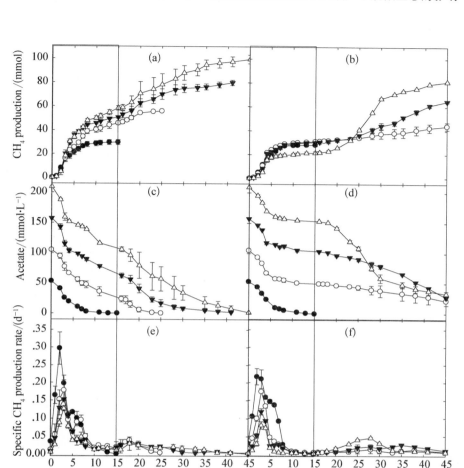

（a,b）累积甲烷产量,（c,d）乙酸浓度,（e,f）甲烷产生速率;（a,c,e）无 CH₃F,（b,d,f）添加
CH₃F;（●）A50 和 CH₃F－A50,（○）A100 和 CH₃F－A100,（▼）A150 和 CH₃F－A150,
（△）A200 和 CH₃F－A200

图 4-1　不同乙酸浓度各反应器内的甲烷产生和乙酸降解情况*

　　注:（1）竖线处表示在第 15 d 时对 pH 进行调节。图中数据点为 2 平行实验的平均值,误
差线表示数值范围

　　（2）* 依据乙酸向甲烷的转化速率变化,可将乙酸浓度 100～200 mmol/L 下,微生物培养
的各时段区分为:0～8 d 前活跃产甲烷期;8～15 d 中间抑制期;＞15 d 后活跃产甲烷期和产
甲烷稳定期。

0.010 d⁻¹）缓慢稳定产生,进入"中间抑制期";15 d 以后,μ_{CH_4} 逐渐上
升,此时最高值为 0.046±0.003 d⁻¹,进入"后活跃产甲烷期",μ_{CH_4} 随

着乙酸浓度的降低而逐渐降低,直至消耗完。

表 4-2 展示了培养期不同阶段的最大和平均 μ_{CH_4} 值。前活跃产甲烷期,各反应器内的最大和平均 μ_{CH_4} 值随着初始乙酸浓度的增加而降低。在后活跃产甲烷期,未暴露于 CH_3F 时,不同乙酸浓度下的 μ_{CH_4} 相似;而暴露于 CH_3F 时,最大和平均 μ_{CH_4} 值则随着乙酸浓度的增加而升高。总体上,后活跃产甲烷期的最大和平均比 μ_{CH_4} 值低于前活跃产甲烷期,但初始乙酸浓度为 200 mmol/L 且添加 CH_3F 的反应器则相反。两阶段产甲烷速率的差距随着乙酸浓度的增加而逐渐缩小。可见,由 50 mmol/L 到 200 mmol/L 逐渐增加的乙酸浓度在培养初始阶段抑制了产甲烷活力,但在后活跃产甲烷期则影响微弱,甚至还增强了暴露于 CH_3F 时的甲烷化活力。

表 4-2 不同乙酸浓度各反应器的比甲烷生成速率

乙酸/ (mmol · L^{-1})	CH_3F	前活跃产甲烷期的 μ_{CH_4}		前活跃产甲烷期的 μ_{CH_4}	
		最大值/d	平均值/d	最大值/d	平均值/d
50	0	0.297±0.046	0.080±0.006	—	—
100	0	0.178±0.029	0.062±0.002	0.025±0.003	0.015±0.002
150	0	0.153±0.003	0.047±0.002	0.032±0.001	0.013±0.001
200	0	0.127±0.007	0.039±0.002	0.030±0.019	0.014±0.000
50	3%	0.217±0.023	0.076±0.003	—	—
100	3%	0.174±0.004	0.042±0.001	0.014±0.010	0.009±0.003
150	3%	0.118±0.009	0.028±0.001	0.027±0.001	0.016±0.001
200	3%	0.081±0.010	0.016±0.001	0.046±0.003	0.018±0.000

注:表中 μ_{CH_4} 的值为 2 平行实验的数据范围。

与未添加 CH_3F 相比,暴露于 CH_3F 中的微生物菌群的平均 μ_{CH_4} 值在甲烷化初始阶段普遍降低,但在后活跃产甲烷期则略高。可见,在不同的产甲烷阶段,CH_3F 对产甲烷菌产生了不同的抑制效果。由于氢营养型产甲烷菌对 CH_3F 具有较高的耐受力,抑制效果的差异暗示了不同阶段甲烷产生机理的不同。

在乙酸的降解过程中,产甲烷速率随着乙酸浓度的降低呈现“双峰式”非线性变化,可见微生物的代谢活力受到除基质浓度以外其他因素的影响。前活跃产甲烷期末,甲烷生成速率的迅速降低可能是由某些抑制性代谢产物的积累或者关键生态因子的剧烈变化导致。由于乙酸钠被用作甲烷化底物,CH_3COO^- 向甲烷的转化会消耗 H^+,促使水分子解离释放出 H^+ 和 OH^-。随着 OH^- 的积累,液相的 pH 逐渐提高。由图 4-2 可以看到,初始乙酸浓度为 $100\sim200$ mmol/L 下,μ_{CH_4} 达到峰值时,pH 已升高到 $7.4\sim7.5$。然后,μ_{CH_4} 随着 pH 的增加开始降低。培养至第 10 天时,pH 已升高到 $8.4\sim8.5$,而 μ_{CH_4} 也降低并保持在最低水平(未暴露于 CH_3F 时,$\mu_{CH_4}<2\ d^{-1}$;暴露于 CH_3F 时,$\mu_{CH_4}<1\ d^{-1}$)。

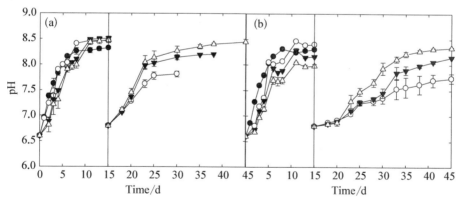

（a）无 CH_3F,(b) 添加 CH_3F;（●）A50 和 CH_3F-A50,（○）A100 和 CH_3F-A100,
（▼）A150 和 CH_3F-A150,（△）A200 和 CH_3F-A200

图 4-2　不同乙酸浓度各反应器内的 pH

注:（1）竖线处表示在第 15 d 时对 pH 进行调节。图中数据点为 2 平行实验的平均值,误差线表示数值范围。

（2）乙酸浓度 $100\sim200$ mmol/L 下,微生物培养的各时段分别为:$0\sim8$ d 前活跃产甲烷期;$8\sim15$ d 中间抑制期;>15 d 后活跃产甲烷期和产甲烷稳定期。

培养至第 15 d 时,pH 被调节至 6.8,此后产甲烷活力则有所恢复,但其产甲烷速率已显著低于前活跃产甲烷期。

通常认为,大部分产甲烷菌生长最适的 pH 范围在 6.8~7.5,可耐受的 pH 范围在 6.1~8.3[81]。本研究中较高初始乙酸浓度下 pH 的变化显著超过了大部分产甲烷菌最适或可耐受的上限。因此,pH 扰动对于甲烷化代谢活力的降低和比产甲烷速率"双峰模式"变化的形成起了重要作用。本研究体系具有低的氨背景浓度(TAN=19 mmol/L),因而高 pH 下的氨抑制并非关键因素。因此,很可能是逐渐提高的 pH 诱发了对产甲烷菌的抑制。

在添加 CH_3F 的反应器中,除了 pH 扰动,同时还存在 CH_3F 对甲烷化代谢的抑制。在初始快速产甲烷阶段,其甲烷产生速率低于无 CH_3F 的反应器,因而在中间抑制阶段,pH 略低(8.0~8.4)。然而,其中间抑制期持续时间更长,产甲烷活力更低。pH 调整后甲烷化活力的恢复也慢于无 CH_3F 组。可见,CH_3F 和高 pH 对甲烷化具有协同抑制效应。

4.3.2 甲烷化代谢途径

在未添加 CH_3F 的反应器中,监测了气相 $\delta^{13}CH_4$ 和 $\delta^{13}CO_2$ 的变化,并根据式 2-12 对碳同位素表观分馏因子 α_c 进行了计算。如图 4-3 所示,随着乙酸的逐渐降解,不同初始乙酸浓度下的 $\delta^{13}CH_4$ 和 $\delta^{13}CO_2$ 呈现不同的变化趋势。

初始乙酸浓度为 50 mmol/L 时,$\delta^{13}CH_4$ 由 $-44.7‰$ 逐渐升高到 $-13.8‰$,而 $\delta^{13}CO_2$ 则由 $-21.6‰$ 降低到 $-32.8‰$ 后又升高到 $-17.8‰$,相应的 α_c 值范围为 $1.000 \sim 1.024$;初始乙酸浓度为 100 mmol/L 时,$\delta^{13}CH_4$ 由 $-43.5‰$ 逐渐升高到 $-27.4‰$,而 $\delta^{13}CO_2$ 则由 $-19.3‰$ 降低到 $-37.1‰$ 后又升高到 $-9.3‰$,α_c 值则由 1.025 降低

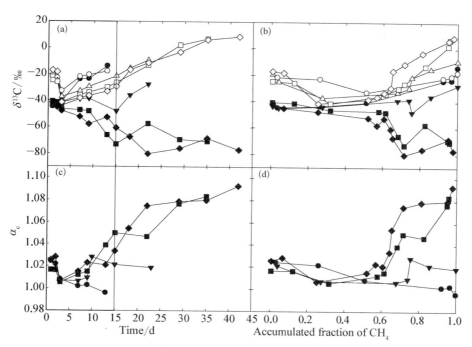

（a, b）$\delta^{13}CH_4$ 和 $\delta^{13}CO_2$,（c, d）α_c;（a, d）vs 培养时间,（b, c）vs 累计产甲烷比例;
（○，●）A50,（△，▼）A 100,（□，■）A 150,（◇，◆）A 200

图 4-3　不同乙酸浓度各反应器内的 $\delta^{13}CH_4$,$\delta^{13}CO_2$ 和 α_c 值

注：（1）竖线处表示在第 15 d 时对 pH 进行调节

（2）乙酸浓度 100～200 mmol/L 下,微生物培养的各时段分别为:0～8 d 前活跃产甲烷期;8～15 d 中间抑制期;>15 d 后活跃产甲烷期和产甲烷稳定期。

到 1.006 后又升高到 1.019～1.028。在更高的初始乙酸浓度下,稳定碳同位素分馏效应则出现了明显转折。初始乙酸浓度为 150 mmol/L 时,$\delta^{13}CH_4$ 由 -40.5‰ 逐渐升高到 -70.5‰,而 $\delta^{13}CO_2$ 则由 -24.7‰ 降低到 -41.3‰ 后又升高到 6.8‰,α_c 值则由 1.017 降低到 1.005 后又快速升高到 1.083。在 200 mmol/L 的初始乙酸浓度下,$\delta^{13}CH_4$ 和 $\delta^{13}CO_2$ 分别波动于 -80.1‰～-41.6‰ 和 -41.5‰～8.6‰ 之间,α_c 值则由 1.025 降低到 1.007 后又快速升高到 1.092。

氢营养型甲烷化途径的稳定碳同位素分馏效应高于乙酸发酵型,故

α_c 的值越大,表明氢营养型途径的贡献越大。$\alpha_c > 1.065$ 时,可认为是氢营养型途径主导[200],而在 Fey 等人[139]的研究中,$\alpha_c < 1.025$ 和 $\alpha_c = 1.045$ 分别成为乙酸发酵型途径主导和乙酸发酵型与氢营养型途径混合进行的特征。由此可推断,在较低初始乙酸浓度 50～100 mmol/L 下,甲烷主要通过乙酸发酵型途径产生;而在较高初始乙酸浓度 150～200 mmol/L 下,甲烷化主导途径则由初始的乙酸发酵型转向氢营养型。由于乙酸为唯一的碳源,因而共生乙酸氧化成为氢营养型甲烷化底物的主要来源,在高浓度乙酸的代谢过程中起着重要作用。在初始乙酸浓度 150～200 mmol/L 下,α_c 已于第 9 d 开始较缓慢增加,但在第 15 d 调节 pH 后则迅速增加,可见代谢途径的转变在中间抑制期开始,而 pH 恢复至中性显著加速了这一转变过程。且初始 pH 越高,最终的 α_c 值越大,表明高乙酸浓度促进了共生乙酸氧化途径。

4.3.3　关键微生物种群的动力学

为监测关键微生物种群的动态变化,采用基于 16S rRNA 基因的 qPCR 技术对不同营养型的产甲烷菌,包括:氢营养型的甲烷杆菌目 *Methanobacteriales* 和甲烷微菌目 *Methanomicrobiales*、严格乙酸营养型的甲烷鬃毛菌科 *Methanosaetaceae* 和多营养型的甲烷八叠球菌科 *Methanosarcinales* 的种群丰度进行定量分析。共生乙酸氧化细菌的丰度变化则通过基于功能基因的 qPCR 技术进行检测,FTHFS 和 ACS 基因为其生物标记物。

如图 4-4 所示,在初始乙酸浓度为 150 mmol/L 和 200 mmol/L 的反应器(无 CH_3F)中,ACS 基因丰度显著增加,尤其是在第 15 d 调节 pH 后,到培养末期已经分别增加到 8.7×10^{10} 和 1.1×10^{11} copies/mL。同时,甲烷微菌目 *Methanomicrobiales* 的 16S rRNA 基因拷贝数也分别增加到 2.6×10^9 和 2.4×10^{10} copies/mL。培养过程中,SAOB 和甲烷

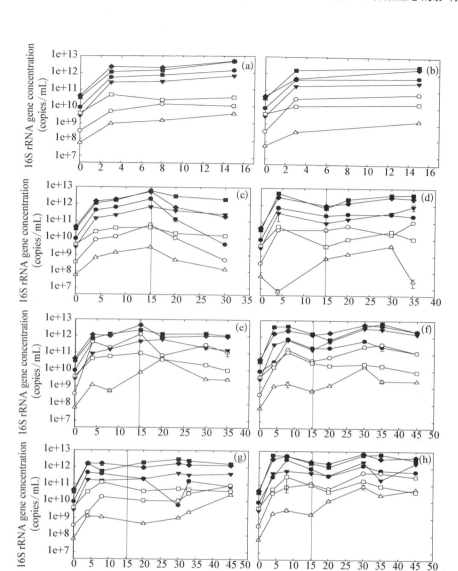

（a）A50，（b）CH₃F - A50，（c）A100，（d）CH₃F - A100，（e）A150，（f）CH₃F - A150，
（g）A200，（h）CH₃F - A200；（●）FTHFS gene，（○）ACS gene，（▼）*Methanobacteriales*，
（△）*Methanomicrobiales*，（■）*Methanosarcinaceae*，（□）*Methanosaetaceae*，（◆）*Archaea*

图 4 - 4　不同乙酸浓度各反应器内的微生物种群丰度

注：（1）图中数据点为 2 平行测试的平均值，误差线表示数值范围。

（2）乙酸浓度 100～200 mmol/L 下，微生物培养的各时段分别为：0～8 d 前活跃产甲烷期；
8～15 d 中间抑制期；>15 d 后活跃产甲烷期和产甲烷稳定期。

微菌目均有 2~3 个数量级的增长,指示两者作为乙酸氧化共生菌群而同时生长。甲烷杆菌目,作为另一个可能成为 SAOB 伴生菌的氢营养型甲烷菌,其丰度也有 1~2 个数量级的增加,但其变化幅度小于甲烷微菌目。SAOB 和氢营养型产甲烷菌的丰度在较低乙酸浓度下(50~100 mmol/L)并无显著增加。

在暴露于 CH_3F 的体系中,观察到乙酸氧化共生菌群的显著增加。在较高乙酸浓度下(150~200 mmol/L),与初始接种物相比,由 ACS 基因指示的共生乙酸氧化细菌和氢营养型的甲烷微菌目 *Methanomicrobiales* 与甲烷杆菌目 *Methanobacteriales* 在 pH 调节后增加了 500~1 500 倍。尽管乙酸氧化共生菌群的增加于第 7 d 时已经开始,但 pH 的调整显然刺激了其快速生长。在 CH_3F 的作用下,不同乙酸浓度水平时乙酸氧化共生菌群的丰度均略高于无 CH_3F 的系统。

在各初始乙酸浓度的反应器中,甲烷鬃毛菌科 *Methanosaetaceae* 的浓度在培养初期略有增加以后即稳定在 $1.1 \times 10^{12} \sim 6.0 \times 10^{12}$ copies/mL;而暴露于 CH_3F 时,则下降了一个数量级。150~200 mmol/L 初始乙酸浓度下,在乙酸氧化共生菌群迅速增长的同时,甲烷八叠球菌科 *Methanosarcinacea* 的丰度由 $1.0 \times 10^{11} \sim 3.1 \times 10^{11}$ copies/mL 下降到 $0.9 \times 10^9 \sim 3.9 \times 10^9$ copies/mL;而对于 50~100 mmol/L 乙酸浓度的反应器,其丰度仅出现小幅度波动。

同为乙酸菌的标记物,FTHFS 基因丰度却始终高于 ACS 基因,这可能源于两种引物的特异性和敏感度差异[175]。FTHFS - set 引物难以屏蔽来自硫酸盐还原细菌、某些产甲烷菌和其他非产乙酸细菌的 FTHFS 基因。另外,不同生存环境下功能基因的转录水平不同,使得基因的拷贝数和细胞浓度或活性之间存在差异。这些因素都可能导致 FTHFS - set 引物的特异性劣于 ACS - set 引物[168]。

4.3.4　不同产甲烷代谢途径的活力

在较高浓度乙酸的厌氧转化过程中,乙酸氧化共生菌群的逐渐构建和优势产甲烷代谢途径的转变几乎同步发生。而在较低的乙酸浓度下,则是营乙酸发酵型产甲烷途径的甲烷鬃毛菌科 *Methanosaetaceae* 和甲烷八叠球菌科 *Methanosarcinaceae* 占优势。

代谢途径的转变,也可以通过不同阶段乙酸降解速率的变化反映。如图 4-5 所示,在初始快速产甲烷阶段,乙酸降解速率的峰值波动于 11~21 mmol/(L·d)间;但在二次快速产甲烷阶段,其范围仅在 2~10 mmol/(L·d)。两个阶段乙酸降解速率的平均值分别为 5~9 mmol/(L·d)和 1~3 mmol/(L·d)。Karakashev 等人[40]研究了 13 个厌氧消化反应器的微生物菌群,发现当乙酸发酵型甲烷化主导时,乙酸的降解速率高于 4 mmol/(L·d),而共生乙酸氧化途径主导时则低于 4 mmol/(L·d)。本章的研究结果与此结论相一致,而且乙酸降解速率的较低值为 1~3 mmol/(L·d),这和纯培养的高温乙酸氧化共生菌群的平均乙酸降解速率接近[44]。

乙酸氧化共生菌群生长速率相对较慢。高温菌群的倍增周期时间为 1.5~3 d[44,59,60],中温菌群的则长达 28~78 d[61-63]。与此相比,甲烷八叠球菌 *Methanosarcinaceae* 和甲烷鬃毛菌 *Methanosaetaceae* 的生长较快,其倍增周期分别为 8~36 h 和 1~9 d[34]。在共生乙酸氧化和氢营养型甲烷化的联合途径中,合作的 SAOB 和产甲烷菌群可获得的能量极为有限[39,47,202],限制了其快速生长,因此乙酸的降解速率也相对较低。

由以上分析可见,初始乙酸浓度高于 50 mmol/L,即抑制了乙酸发酵型产甲烷菌;而中性 pH 下较高浓度的乙酸,有利于 SAOB 和氢营养型产甲烷菌的生长。

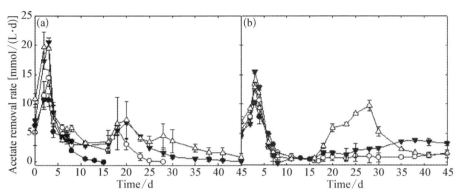

（a）无 CH₃F，（b）添加 CH₃F；（●）A50 和 CH₃F - A50，（○）A100 和 CH₃F - A100，
（▼）A150 和 CH₃F - A150，（△）A200 和 CH₃F - A200

图 4 - 5　不同乙酸浓度各反应器内的乙酸降解速率

注：图中数据点为 2 平行实验的平均值，误差线表示数值范围。

4.3.5　嗜乙酸产甲烷菌群在 pH 扰动下的自调节

在培养初期，接种污泥中乙酸氧化共生菌群的丰度远低于乙酸发酵型甲烷菌，因而在高乙酸浓度且 pH 适宜时，乙酸发酵型甲烷菌尤其是生长快速且乙酸亲和力低的甲烷八叠球菌目 *Methanosarcinaceae* 占优势。随着乙酸的逐渐降解，pH 逐渐升高到 8.3 以上。为在 pH 胁迫环境中生存，产甲烷菌需要通过质子泵进行被动运输以维持适宜的细胞内部 pH[85]。过高的 pH 也促使乙酸和 CO₂ 等甲烷化底物解离，减少分子态乙酸和 CO₂ 的浓度。离子化的甲烷化底物很难扩散透过细胞膜，因而需要消耗更多能量进行被动运输，或增加细胞膜的通透性，而由此导致的 pH 渗漏需要质子泵增加工作速率进行补偿[86]。由此，过高的环境 pH 增加了产甲烷菌生存所需的能量，且其能量需求随着环境 pH 与生长最佳 pH 的差距呈线性增加，进而限制了产甲烷菌的生存[86]。尽管碱性环境下大量存在的自由氨也会对产甲烷菌产生抑制，但本研究体系中氨背景浓度较低，总氨氮浓度（TAN）仅为 19 mmol/L，氨对产甲烷菌的抑制效应并非主要因素。由此可见，pH 的变化是引起甲烷化活力改变的重要因素。伴随着 CH_3COO^- 消耗而快速升高的 pH 引发了甲烷化抑制，而 pH 的降低使得甲烷化活力得以部分恢复，从而产甲烷速率呈现了"双峰模式"变化。

与乙酸发酵型产甲烷菌相比，乙酸氧化共生菌群显示了对碱性环境较高的耐受力，在 pH 剧烈扰动之后，即快速增殖并成为优势菌群。过高的 pH 对微生物产生毒性的原理与高浓度自由氨的毒性原理具有一定相似性。氨毒性的产生是由于游离态的氨分子可自由透过细胞膜进入细胞内部，氨在细胞内解离消耗 H^+，使得胞内 pH 提高。细胞为维持适宜的内部 pH 环境，通过细胞膜上的质子泵泵出 K^+ 而吸收 $H^{+[90,\ 92]}$。自由氨渗入导致的胞内质子不平衡和 K^+ 流失阻碍了细胞的生长[26, 91]。也有人认为，高浓度的自由氨增加了细胞生长和维持生存所需的能量[93]，或者可直接作用于甲烷产生过程的酶体系[92]。从生物能量学的观点看，乙酸氧化共生菌群的细胞生长与维持对能量的需求较低，这可能有利于它们在高 pH 或高氨浓度等胁迫环境下的生存[93]。

4.4　小　　结

（1）本研究发现，高乙酸浓度（>50 mmol/L）对乙酸发酵型甲烷化反应产生抑制，伴随着乙酸降解产生的 pH 升高（pH>7.5）促进了抑制效应。pH 超过 8.3 时，产甲烷速率即降至极低水平并保持稳定。高乙酸浓度和高 pH 对乙酸发酵型产甲烷菌的抑制效应是互相促进的。

（2）高乙酸浓度促使甲烷化主导途径向共生乙酸氧化和氢营养型甲烷化联合途径转变。初始乙酸浓度为 150~200 mmol/L 时，随着 pH 逐渐提高，乙酸氧化共生菌群逐渐替代乙酸发酵型产甲烷菌成为优势菌群。由此,形成了产甲烷微生态降解高浓度乙酸的"双峰"模式特征。而在较低初始乙酸浓度下,营乙酸发酵型的产甲烷菌群,包括甲烷鬃毛菌科 *Methanosaetaceae* 和甲烷八叠球菌科 *Methanosarcinaceae*,始终为优势菌群。

(3)中性 pH 环境有利于微生物的生长和代谢。在高 pH 胁迫中,仅乙酸氧化共生菌群保存了一定活力;pH 突然调节至中性则刺激了乙酸氧化共生菌群的快速生长,取代了本来占优势的乙酸发酵型产甲烷菌成为优势菌群。

(4)与营乙酸发酵型甲烷化途径的产甲烷菌群相比,共生的 SAOB 和氢营养型产甲烷菌(包括甲烷微菌目 *Methanomicrobiales* 和甲烷杆菌目 *Methanobacteriales*)对高浓度乙酸胁迫和碱性 pH 扰动具有更强的耐受性。在讨论 VFAs 和氨等胁迫因子对甲烷化系统的抑制效应时,需要考虑 pH 本身对不同微生物菌群的影响。共生乙酸氧化产甲烷菌群的代谢活力低于营乙酸发酵型产甲烷菌。

第5章
氨浓度对氨胁迫下厌氧产甲烷
微生态的影响

5.1 概　　述

在厌氧消化过程中,氮平衡是保证整个系统稳定运行的重要因素。由于厌氧微生物细胞的增殖很少,进入厌氧消化系统的氮只有很少部分被转化为细胞,大部分可生物降解的有机氮都被还原为消化液中的氨氮[26, 27]。氨的存在对厌氧微生物的生长至关重要,一方面,氮元素是微生物生长所需的宏量元素之一,一定浓度的氨氮可作为氮源促进厌氧微生物生长;另一方面,过高浓度的氨会抑制厌氧微生物(主要是产甲烷菌)的活性,表现为甲烷化迟滞和甲烷化速率的降低,进而使得厌氧消化过程不稳定甚至反应中止[24, 25, 28, 114, 120]。氨对产甲烷过程的抑制效应受浓度、温度、pH、接种物、驯化以及其他离子的协同或拮抗作用的影响[8]。其中,浓度是最关键的影响因素。

由于氨对产甲烷反应的抑制易受诸多环境因素的影响,文献中不同研究体系下氨的抑制浓度阈值具有较大范围,其达到50%抑制时(即甲烷产率降低50%)的 TAN 浓度从 121 mmol/L 到 1 000 mmol/L(以

$NH_4^+ - N$ 计)不等[8]。不同营养型的产甲烷菌对氨的敏感度亦有不同[34]。目前,乙酸营养型和氢营养型产甲烷菌对氨耐受能力的比较仍存在一定的争议[8]。另外,针对不同的厌氧消化工艺(如高温工艺和中温工艺),氨的抑制程度亦有不同的结论[34]。可见,不同的厌氧消化体系中,厌氧产甲烷微生态对氨胁迫的响应模式存在较大的或然性。深入了解氨浓度对微生物功能和菌群结构的影响规律,对于解决高含氮生物质废物厌氧消化过程中的氨抑制问题,提高工艺的稳定性和甲烷化效率具有重要意义。

本章采用批式实验方法,通过监测 100 mmol/L 乙酸的厌氧甲烷化过程,比较了中温和高温厌氧环境中,不同嗜乙酸微生物体系在一系列氨浓度下产甲烷过程的差异。在此基础上分析了不同温度下氨的抑制效应随浓度的变化规律。为深入了解不同氨胁迫状态下的产甲烷过程机理,本实验通过监测产物 CH_4 和 CO_2 中稳定碳同位素比值的变化来分析代谢途径,以从微生物代谢活力和代谢途径的角度解析产甲烷微生态对氨胁迫的响应规律。

5.2 实验材料与方法

5.2.1 实验材料

本实验采用 3 种污泥包括 MCS、MFS 和 TCS 对反应器进行接种。接种污泥性质见本书第 2.1 节和表 5 - 1。

5.2.2 实验设置

采用总容积为 330 mL 的玻璃瓶(Fisher Scientific Laboratory)作为反应器,由橡胶塞和铝制密封圈密封。各反应器内加入 BMP 培养基

表 5-1　接种污泥性质及其原培养环境特征

接种污泥	生长温度/℃	TS	VS(%TS)	pH	TAN/(mmol·L^{-1})
TCS	55	14.19%	75.79	7.50	21
MCS	35	13.69%	78.43	7.80	29
MFS	35	9.91%	47.40	7.00	11

90 mL,并加入 NaHCO$_3$(140 mmol/L)和 K$_2$CO$_3$(20 mmol/L)作为缓冲剂,以缓冲因乙酸根消耗引起的 pH 剧烈变化。实验采用 NH$_4$Cl 调节反应体系的氨浓度,使初始 TAN 浓度(以 NH$_4^+$-N 计)分别为 10、214、357、500 和 643 mmol/L(依次对应 0.14、3.0、5.0、7.0 和 9.0 g/L)。另取适量污泥作为接种物,接种浓度为 4 g-VS/L。最后,注入 10 mL 浓缩乙酸溶液,使体系中初始乙酸浓度为 100 mmol/L。各反应器设置见表 5-2。安装完毕后,各反应器按照实验目的分别置于(35±2)℃和(55±2)℃的恒温箱进行培养。放入恒温箱前,采用气体置换装置将反应器内的空气抽出,并充入足量 N$_2$/CO$_2$(80∶20,初始相对压力约 50 kPa),氧气浓度低于 0.3%。

表 5-2　不同氨浓度的反应器设置

反应器(编号)	接种物	基　质	培养基	温度/℃	氨浓度(以 TAN 计) /(mmol·L^{-1})	氨浓度(以 TAN 计) /(g·L^{-1})
TCS-N0.14(1,2)	高温污泥 TCS	100 mmol/L CH$_3$COOH	BMP 培养基+碳酸盐缓冲液	55	10	0.14
TCS-N3(1)					214	3.0
TCS-N5(1,2)					357	5.0
TCS-N7(1,2)					500	7.0
TCS-N9(1,2)					643	9.0

续　表

反应器（编号）	接种物	基　质	培养基	温度/℃	氨浓度（以 TAN 计）	
					/(mmol·L^{-1})	(g·L^{-1})
MCS - N0.14 (1，2)	中温颗粒污泥 MCS	100 mmol/L CH$_3$COOH	BMP 培养基＋碳酸盐缓冲液	35	10	0.14
MCS - N3(1)					214	3.0
MCS - N5 (1，2)					357	5.0
MCS - N7 (1，2)					500	7.0
MCS - N9 (1，2)					643	9.0
MFS - N0.14 (1，2)	中温颗粒污泥 MFS	100 mmol/L CH$_3$COOH	BMP 培养基＋碳酸盐缓冲液	35	10	0.14
MFS - N3(1)					214	3.0
MFS - N5 (1，2)					357	5.0
MFS - N7 (1，2)					500	7.0
MFS - N9 (1，2)					643	9.0

5.2.3　测试指标与方法

1. 气相

（1）气体产量

参照 2.2.1 节。

（2）气相组分（CH$_4$、CO$_2$、N$_2$、H$_2$）

采用装有热导检测器的微气相色谱（MicroGC CP4900，Varian，

U. S. A.）测定气相组分。

（3）气相稳定碳同位素比值

根据各反应器的产甲烷情况，于不同阶段用 10 mL 气密型气体采样器（SGE，SGE Analytical Science Pty Ltd.，Austrilia）采集气体样品，将收集到的气体注入真空气体样品玻璃瓶（5 mL）中保存，用于气相稳定碳同位素比值的测定。

采用气相色谱（Trace GC Ultra，Thermo Electron Corporation，U. S. A.）、高温氧化炉（Finnigan GC combustion III，Thermo Electron Corporation，U. S. A.）、同位素质谱（Delta V plus isotope ratio mass spectrometer，Thermo Electron Corporation，U. S. A.）串联的方法（GC-C-IRMS），测试气相 CH_4 和 CO_2 中的稳定碳同位素比值（$\delta^{13}CH_4$ 和 $\delta^{13}CO_2$）。气体进样时，采用自动进样器（Triplus AS，Thermo Electron Corporation，U. S. A.）控制，进样针容量为 100 μL。气相色谱的分离柱为 Paraplot Q，负责分离 CO_2 和 CH_4。通常，GC 炉首先在 35℃维持 3 min，然后以 60℃/min 的速率加热到 180℃，在 180℃维持 24 s。氦气作为载气。氧化炉温度为 940℃。

每个样品测试 2 次。用已知稳定碳同位素比值的标准 CH_4 和 CO_2 气体对测试方法进行误差分析，结果表明，$\delta^{13}CH_4$ 和 $\delta^{13}CO_2$ 的误差均为±0.4 ‰。

2. 液相

（1）采样

同 2.2.2 节。

（2）总有机碳（TOC）/总无机碳（TIC）

采用 TN_b/TC multi N/C 3000 Analyzer（Analytik Jena AG，Germany）测定液相的 TOC 和 TIC 浓度，炉温 850℃，样品量为 0.6 mL。

（3）挥发性有机酸(VFAs)

采用离子色谱(Dionex DX-120,Thermo Scientific,U. S. A.)测试VFAs(包括甲酸、乙酸、丙酸、异丁酸、丁酸)的组成和浓度。样品在测试前保存于−20℃冰箱。采用离子色谱柱(IONPAC® ICE-ASI,9×250 mm,Thermo Scientific,U. S. A.)分离各种有机酸。采用自动进样器(Dionex A550,Thermo Scientific,U. S. A.)控制进样过程。

3. 固相

参照2.2.3节。

4. 数据分析与计算方法

游离氨氮浓度、表观稳定碳同位素分馏效应因子、比产甲烷速率的计算方法和 Gompertz 模型拟合方法参照本书第 2.5 节。

5.3　实验结果与讨论

5.3.1　乙酸的厌氧甲烷化

图 5-1 显示了不同氨浓度下各反应器内的产甲烷过程。

可见，氨对产甲烷反应的抑制程度随其浓度的提高而增加。不同氨浓度下，乙酸向甲烷的转化呈现出不同的模式，而不同接种污泥对高浓度氨胁迫的响应亦存在差异。根据比产甲烷速率(μ_{CH_4})和培养时间的不同，本文中将产甲烷过程分为不同的阶段：初始阶段当 $0 \leqslant \mu_{CH_4} < 0.002$ d^{-1} 时，称为产甲烷迟滞期(此时气相中甲烷含量不足1%)；当 0.002 $d^{-1} \leqslant \mu_{CH_4} \leqslant 0.010$ d^{-1} 时，称为缓慢产甲烷期；当 $\mu_{CH_4} > 0.010$ d^{-1} 时，称为活跃产甲烷期；培养后期当 $\mu_{CH_4} < 0.010$ d^{-1} 时，称为产甲烷稳定期。

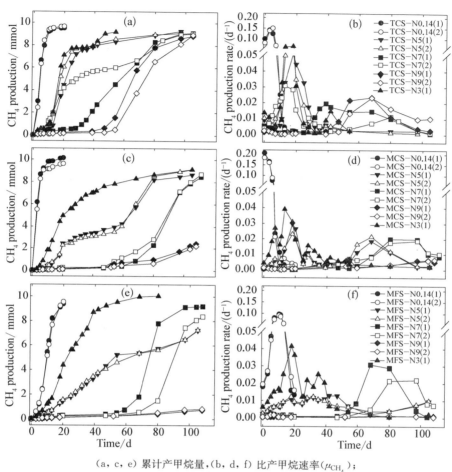

（a，c，e）累计产甲烷量，（b，d，f）比产甲烷速率（μ_{CH_4}）；

（a，b）接种污泥 TCS，（c，d）接种污泥 MCS，（e，f）接种污泥 MFS

图 5-1　不同氨浓度各反应器的甲烷产生情况

1. 高温下的产甲烷过程

高温反应器中，TAN 浓度为 10 mmol/L 时，产甲烷过程并无显著迟滞期，反应装置安装完毕后甲烷即快速产生，μ_{CH_4}高达 0.141 d^{-1}。培养 11 d 后逐渐进入稳定期，累计产甲烷量达到 0.93～0.94 mol/mol-acetate。

TAN 浓度为 214 mmol/L 时，培养初期甲烷缓慢产生。10 d 后产甲烷速率迅速增加,产甲烷过程进入活跃期;第 10～18 d 间,产甲烷量和速率持续增加,μ_{CH_4} 最高达到 0.066 d^{-1}。随着乙酸逐渐被消耗,第 20 d 时 μ_{CH_4} 开始降低,但此时产甲烷量仅 0.71 mol/mol-acetate,尚未达到饱和;此后甲烷以较低速率缓慢产生,在 35～42 d 有一个小幅度增加(由 0.001 d^{-1} 增加到 0.015 d^{-1});培养结束时(54 d),该反应器累计产甲烷量达到 0.92 mol/mol-acetate。

TAN 浓度为 357 mmol/L 时的产甲烷过程与 214 mmol/L 时相似,即经历了初始缓慢产甲烷期(0～11 d)和产甲烷期(11～28 d)后,甲烷以较低速率(μ_{CH_4} 最高达到 0.053 d^{-1} ± 0.002 d^{-1})缓慢产生直至培养期结束,最终产甲烷量达到 0.91～0.93 mol/mol-acetate。但相比之下,TAN 浓度为 357 mmol/L 时的 μ_{CH_4} 略有降低,产甲烷过程更慢进入活跃期。

TAN 浓度为 500 mmol/L 时,产甲烷过程呈现出较大的不稳定性。TCS - N7(2)在经历了 5 d 的缓慢产甲烷期后即进入活跃期(最高 μ_{CH_4} 为 0.031 d^{-1})。当产甲烷量达到 0.004 mol/mol-acetate 后,呈现出降低-较低值波动-增加-再降低的趋势。对此现象产生的原因可作以下推测:在较高氨浓度下,随着培养初期乙酸的快速消耗,溶液中存在的缓冲盐并不能及时控制 pH 的变化,游离氨浓度随着 pH 的增加而上升,产甲烷菌因此受到抑制,导致了 μ_{CH_4} 的降低。随着高浓度游离氨下暴露时间的增加,产甲烷菌被驯化或者新的功能菌产生,产甲烷活力又开始增加。我们将产甲烷量未饱和时(即甲烷产量 < 0.9 mol/mol-acetate)μ_{CH_4} 降低和在低水平波动的阶段称为"中间抑制期";而随后恢复至较高水平的阶段称为"后活跃产甲烷期";相应的,初始的高速产甲烷阶段称为"前活跃产甲烷期"。因此,TCS - N7(2)中的产甲烷过程可描述为:初始缓慢产甲烷期-前活跃产甲烷期-中间抑制期-后活跃产甲烷期-产甲烷稳定期。而在相同培养条件下的 TCS - N7(1)在经历了较

长的迟滞期后,于 28 d 进入活跃产甲烷期,其 μ_{CH_4} 低于 TCS - N7(2)的前活跃期;于 97 d 进入产甲烷稳定期。TAN 500 mmol/L 下,最终产甲烷量为 0.89~0.91 mol/mol-acetate。

　　TAN 浓度为 643 mmol/L 时,产甲烷过程受到更强烈的抑制。产甲烷迟滞期长达 47~54 d,之后即快速进入活跃产甲烷期,但此时其比产甲烷速率最高为 0.023 d^{-1},远低于 TAN 10 mmol/L 反应器的 (0.139±0.002) d^{-1}。培养 97~105 d 后进入稳定期时,产甲烷量为 0.88~0.89 mol/mol-acetate。

　　对不同氨浓度下高温反应器的产甲烷过程采用 Gompertz 模型进行拟合,结果如表 5-3 所示。除反应器 TCS - N7(2)的决定系数 R^2 较低外,其他拟合过程的 R^2 均大于 0.98。总体上,随着氨浓度的提高,迟滞期显著延长,产甲烷速率降低,最大产甲烷量亦有所降低。相比 10 mmol/L TAN,TAN 浓度为 643 mmol/L 时,最大产甲烷速率降低了 84%~86%,产甲烷迟滞期显著延长(47~50 d);而 TAN 浓度为 500 mmol/L 时,产甲烷过程则处于不稳定状态。

表 5-3　不同氨浓度下各高温反应器产甲烷过程的 Gompertz 模型拟合结果

反应器	最大产甲烷潜力 P /mmol	产甲烷迟滞期 λ /d	最大比产甲烷速率 μ_{CH_4} / mol/(mol-acetate·d)	R^2
TCS - N0.14(1)	9.45	1.3	0.182	0.998
TCS - N0.14(2)	9.59	1.8	0.207	1.000
TCS - N3(1)	8.34	9.8	0.078	0.983
TCS - N5(1)	8.57	10.7	0.047	0.992
TCS - N5(2)	8.47	9.0	0.056	0.990
TCS - N7(1)	10.08	27.1	0.017	0.995
TCS - N9(1)	8.95	48.7	0.031	0.998
TCS - N9(2)	9.16	54.2	0.027	0.997

2. 中温下的产甲烷过程

与高温反应器类似,中温反应器中氨对产甲烷反应的抑制程度亦随其浓度的增加而增加,且接种 MCS 和 MFS 污泥的反应器也分别呈现出相近的变化规律。比较反应速率可知,污泥 MFS 的活力略低于污泥 MCS。

TAN 浓度为 10 mmol/L 时,产甲烷反应快速进行。反应器设置完毕后,MCS - N0.14 即迅速进入活跃期。MFS - N0.14 中,则出现短暂的缓慢产甲烷期(约 4 d)后才进入活跃期,其最大反应速率(μ_{CH_4} 0.093 d^{-1} ± 0.002 d^{-1})也低于 MCS - N0.14(μ_{CH_4} 0.194 d^{-1} ± 0.011 d^{-1})。MCS 和 MFS 分别于第 10 d 和第 20 d 进入稳定期。培养结束时,产甲烷量分别为 0.96~1.01 mol/mol-acetate 和 0.94~0.95 mol/mol-acetate。

TAN 浓度为 214 mmol/L 时,MCS - N3 和 MFS - N3 于 3 d 后进入活跃期,μ_{CH_4} 逐渐增加至 0.042 d^{-1},随后大幅度波动并降低。到进入稳定期前,甲烷均以较慢速率产生。最终产甲烷量为 0.91~0.99 mol/mol-acetate。

TAN 浓度为 357 mmol/L 时,MCS - N5 和 MFS - N5 中的产甲烷过程均处于不稳定状态。MCS - N5(1,2)与 T - N7(2)相似,出现了 2 个活跃产甲烷期(分别起始于 13 d 和 59 d),最终产甲烷量为 0.87~0.91 mol/mol-acetate。MFS - N5 产甲烷过程的阶段性并不显著,μ_{CH_4} 始终处于较低值(0.006~0.012 d^{-1})。自 97 d 开始,μ_{CH_4} 出现增加趋势,但培养至 108 d 结束时尚未进入稳定期。

TAN 浓度为 500 mmol/L 时,迟滞期显著延长,MCS - N7 和 MFS - N7 分别于(65 ± 2)d 和(70 ± 5)d 进入活跃产甲烷期,其 μ_{CH_4} 值远低于 TAN 10 mmol/L 时(最大值 0.026 d^{-1})。至培养结束,产甲烷量达到 0.84~0.92 mol/mol-acetate。

TAN 浓度为 643 mmol/L 时,MCS - N9 在经历了近 80 d 的迟滞期后,开始缓慢产甲烷,且 μ_{CH_4} 逐渐增加,但至培养结束时尚未进入活跃期。MFS-N9 则在整个培养过程处于迟滞期。由此说明,643 mmol/L TAN 时,甲烷化可能在极长的迟滞期(>108 d)后逐渐启动。

采用 Gompertz 模型拟合各中温反应器的产甲烷过程,结果如表 5-4 所示。

表 5-4 不同氨浓度下各中温反应器产甲烷过程的 **Gompertz** 模型拟合结果

反应器	最大产甲烷潜力 P /mmol	产甲烷迟滞期 λ /d	最大比产甲烷速率 μ_{CH_4} / mol/(mol-acetate·d)	R^2
MCS-N0.14(1)	9.87	0.5	0.246	0.995
MCS-N0.14(2)	9.34	0.7	0.247	0.997
MCS-N3(1)	8.35	3.4	0.026	0.985
MCS-N7(1)	9.87	70.2	0.020	0.993
MCS-N7(2)	16.30	61.6	0.011	0.990
MFS-N0.14(1)	9.79	4.4	0.101	0.994
MFS-N0.14(2)	10.22	4.1	0.089	0.997
MFS-N3(1)	10.16	7.1	0.031	0.997
MFS-N7(1)	9.20	64.3	0.064	0.994
MFS-N7(2)	8.56	77.0	0.047	0.995

处于不稳定态的 MCS-N5 和 MFS-N5,以及未进入活跃产甲烷期的 MCS-N9 和 MFS-N9 均无法采用 Gomperts 模型进行拟合,而其他条件下的拟合效果尚可(R^2>0.99)。与高温培养相比,氨对中温培养下的产甲烷反应有着更强烈的抑制效应,表现为相同氨浓度下更长的迟滞期和更低的产甲烷速率,以及不稳定态出现于相对较低的氨浓度(TAN 357 mmol/L)。相比 TAN 10 mmol/L,TAN 为 500 mmol/L 时,MCS 和 MFS 的最大产甲烷速率分别降低了 90% 和 67%~76%,产甲烷迟滞期延长至 62~77 d。

3. 液相性质

液相溶解碳的变化同样可以反映乙酸的厌氧甲烷化过程。如图 5-2

所示,不同氨浓度下各反应器液相碳的变化与反应器内的气相变化过程是互相对应的。

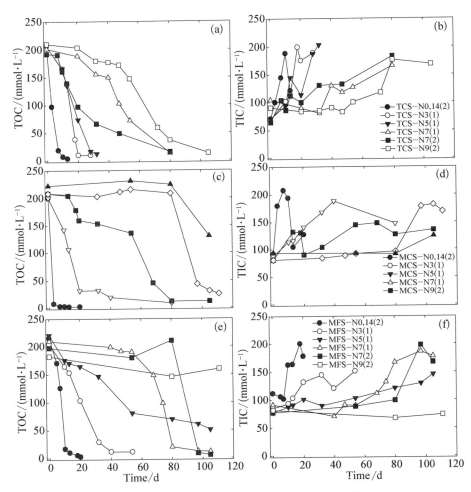

（a,b）接种污泥 TCS,（c,d）接种污泥 MCS,（e,f）接种污泥 MFS；
（a, c, e）TOC,（b, d, f）TIC*

图 5-2　不同氨浓度各反应器的液相溶解碳

注：* 图中 TIC 的快速下降发生于采集微生物样品时。取样过程中,反应器在厌氧操作台内打开,取完样品后,又将反应器内的气体通过抽真空-充气循环的方式用 N_2/CO_2（20∶80）进行置换。因此造成系统内无机碳损失,表现为 TIC 的突然降低。

TAN 10 mmol/L 时，各反应器内产甲烷反应快速进行，表现为 TOC 的迅速降低和 TIC 的快速增加。TAN 214 mmol/L 时，TOC 初期较快下降，然后缓慢降低；高温下 TAN 357 mmol/L 时，TOC 变化情况与之相似。对于处于不稳定状态的反应器，包括高温的 T－N7(2)、中温的 MCS－N5(1，2)和 MFS－N5(1，2)，TOC 的变化规律如下：前活跃期快速降低-中间抑制期缓慢降低-后活跃期快速降低。高氨氮浓度下的T－N7(1)、T－N9(1，2)和MCS－N7(1，2)、MFS－N7(1，2)的甲烷化过程，经历了较长的迟滞期。液相的 TOC 在迟滞期呈现小幅度波动或降低，之后随着甲烷化的启动开始迅速下降。对于甲烷化过程未进入活跃期的 MCS－N9(1，2)和 MFS－N9(1，2)，其液相的 TOC 仅略有下降。

甲烷化启动后，各反应器液相的 TIC 亦始终处于增加趋势。尽管因微生物取样操作(N_2/CO_2 置换)导致部分无机碳损失，但当甲烷化进入稳定期时，TIC 的累计增加量为 83～117 mmol/L，与理论增量 100 mmol/L相接近。

5.3.2　液相氨浓度的变化

1. 液相pH的变化

本研究测试了各反应器内培养初期(0～32 d)和末期(80～118 d)的 pH，如图 5-3 所示。可见，随着乙酸逐渐被转化，液相的 pH 呈逐渐上升的趋势。当超过 90% 的乙酸被消耗时，pH 已由初始的 6.80～7.00 增加到 8.00～8.20。在不稳定状态的反应器内，产甲烷过程进入中间抑制期时，高温和中温环境下的 pH 分别达到 7.60±0.05 和 7.40±0.02。

2. 液相pH的修正

厌氧反应器内的液相环境为一个复杂的混合溶液体系，存在着多种

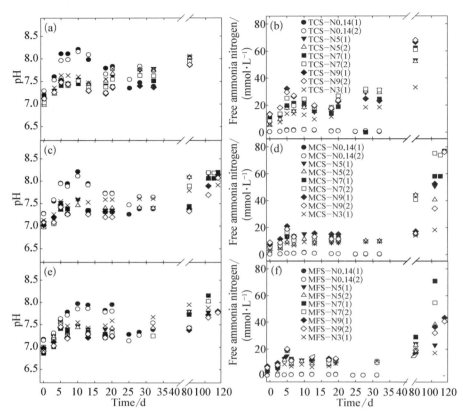

（a，b）接种污泥 TCS，(c，d) 接种污泥 MCS，(e，f) 接种污泥 MFS

图 5-3　不同氨浓度各反应器的 pH 和游离氨态氮浓度(FAN) *

注：* 图中所示 pH 为实测值。FAN 浓度为根据修正后的 pH 由式(2-5)计算的值。pH 的修正过程见 5.3.2.2 节。

共轭酸碱对，而 CH_3COOH—CH_3COO^-、CO_2—HCO_3^-—CO_3^{2-} 和 NH_4^+—NH_3 这 3 种在本实验的研究体系中具有较高浓度，成为影响 pH 的关键因素。以上共轭酸碱对的存在，使得溶液中存在如下电离平衡：

$$CH_3COOH \rightleftharpoons CH_3COO^- + H^+ \tag{5-1}$$

$$NH_4^+ \rightleftharpoons NH_3 + H^+ \tag{5-2}$$

$$HCO_3^- \rightleftharpoons CO_3^{2-} + H^+ \qquad (5-3)$$

$$HCO_3^- + H^+ \rightleftharpoons CO_2 + H_2O \qquad (5-4)$$

$$H_2O \rightleftharpoons H^+ + OH^- \qquad (5-5)$$

根据质子守恒条件,可得到式(5-6):

$$[H^+] + [CO_2] = [CH_3COO^-] + [NH_3] + [CO_3^{2-}] + [OH^-]$$
$$(5-6)$$

根据电离平衡,可得式(5-7):

$$[H^+] + \frac{[HCO_3^-] \times [H^+]}{K_{a_1}} = \frac{[CH_3COOH] \times K_{a(HA)}}{[H^+]}$$

$$+ \frac{[NH_4^+] \times K_{a(NH_4^+)}}{[H^+]} + \frac{[HCO_3^-] \times K_{a_2(H_2CO_3)}}{[H^+]} + \frac{K_w}{[H^+]} \quad (5-7)$$

溶液的 pH 可用式(5-8)近似计算:

$$pH = -\frac{1}{2} \log_{10} \frac{\begin{array}{c}[CH_3COOH] \times K_{a(HA)} + [NH_4^+] \times K_{a(NH_4^+)} \\ + [HCO_3^-] \times K_{a_2(H_2CO_3)} + K_w\end{array}}{1 + \dfrac{[HCO_3^-]}{K_{a_1(H_2CO_3)}}}$$

$$(5-8)$$

式中 $K_{a(NH_4^+)}$、$K_{a(CH_3COOH)}$、$K_{a_1(H_2CO_3)}$、$K_{a_2(H_2CO_3)}$ 和 K_w 分别为 NH_4^+、CH_3COOH、H_2CO_3 和 H_2O 的电离常数。

不同温度下(20℃、25℃、35℃ 和 55℃)$K_{a(NH_4^+)}$,$K_{a(CH_3COOH)}$,$K_{a_1(H_2CO_3)}$,$K_{a_2(H_2CO_3)}$ 和 K_w 值如表 5-5 所示。

表 5-5　不同温度下溶液中主要弱酸种类的电离常数[203]

弱酸/碱	电离常数	20℃	25℃	35℃	55℃
CH_3COOH	K_a	4.756	4.756	4.762	4.799
NH_4^+	K_a	9.400	9.245	8.947	8.408
H_2CO_3	K_{a_1}	6.421	6.361	6.278	6.221
HCO_3^-	K_{a_2}	10.411	10.365	10.289	10.191
H_2O	K_w	14.167	13.995	13.685	13.151

可见,弱酸的电离常数随温度而变化。而对于 pH 有重要影响的 $CO_{2(gaseous)}$—H_2CO_3—HCO_3^-—CO_3^{2-} 和 $NH_{3(gaseous)}$—$NH_{3(aqueous)}$—NH_4^+ 体系中,CO_2 和 NH_3 的溶解度受到反应器温度的影响。因而室温下(20℃)测得的 pH,并不能直接反映实际的液相环境酸碱度情况。为此,反应体系的溶液取出后立即分别测试在 20℃、35℃ 和 55℃ 下的 pH,发现低氨浓度(TAN 10 mmol/L)的溶液其 pH 受温度(20℃~55℃)影响较小;较高氨浓度(TAN 214~643 mmol/L)下,20℃~35℃时 pH 几乎未改变,而在 20℃ 下测量的值比 55℃ 下高约 0.4。根据以上分析,通过同时对一系列具有不同乙酸浓度和氨浓度的液体样品分别测试在各温度下(20℃、35℃、55℃)的 pH,分析了 pH 随温度的变化规律,并据此对室温下测得的 pH 予以修正,以使其更接近实际情况,即实际培养温度下的 pH。

3. 游离氨对产甲烷反应的抑制效应

采用修正后的 pH,根据式(2-5)对 FAN 进行估算,结果见图5-3。可以看到,中温和高温下初始 FAN 分别不超过 3 mmol/L(TAN 214 mmol/L)和 7 mmol/L(TAN 357 mmol/L)时,产甲烷反应能够较快启动,迟滞期不超过 11 d,称此时的初始氨浓度为"较高氨浓度"。初始 FAN 分别为 4 mmol/L(TAN 357 mmol/L)和 11 mmol/L(TAN

500 mmol/L)的中温反应器 MCS - N5、MFS - N5 和高温反应器
T - N7(2)则均呈现出不稳定状态,称此时的初始氨浓度为"临界氨浓
度"。在这些反应器中,甲烷化代谢较快启动;但随着 pH 的逐渐升高,
FAN 逐渐增加,其浓度超过 9~10 mmol/L(中温)和 18~21 mmol/L
(高温)时,产甲烷速率开始降低,进入中间抑制期;经过长达 30~40 d
的迟滞后,才再次进入活跃产甲烷期。中温和高温下初始 FAN 分别超
过 5 mmol/L 和 11 mmol/L 时,产甲烷过程需经历长迟滞期(>45 d)后
方可进入活跃期,称此时的初始氨浓度为"高氨浓度"。

　　由以上分析可知,在不同的 TAN 浓度下,各反应器的产甲烷过程
存在着较大差异;临界氨浓度下,即使 TAN 不变,产甲烷模式仍然会在
培养过程中逐渐变化。因此,对产甲烷过程产生抑制作用的关键因素并
非仅有 TAN。由液相环境 pH 和 FAN 的变化可知,在乙酸的厌氧转化
过程中,FAN 随着 TAN 和 pH 的变化而改变,氨胁迫的波动使得产甲
烷过程发生变化。相对于 TAN,FAN 是抑制产甲烷过程更为关键的
因素。

5.3.3　产甲烷过程的稳定碳同位素分馏效应

1. 不同反应器中气相稳定碳同位素比值

　　图 5 - 4 显示了不同反应器气相 $\delta^{13}CH_4$ 和 $\delta^{13}CO_2$ 值的变化。可知,
采用不同接种污泥的体系中,稳定碳同位素的分馏效应具有一定的差异。

低氨浓度　10 mmol/L TAN 下,各反应器 $\delta^{13}CH_4$ 和 $\delta^{13}CO_2$ 值的
变化趋势相似,即:TCS - N0.14(1)中,$\delta^{13}CH_4$ 由活跃产甲烷期的
−54.0‰升高到稳定期的−41.6‰,稳定期后期又略有降低(−44.4‰);
相应的,$\delta^{13}CO_2$ 由活跃期的−19.9‰升高到稳定期的−14.3‰,稳定期
后期为−14.8‰。MCS - N0.14(1)中第 5 d 已处于活跃产甲烷末期,其
$\delta^{13}CH_4$ 已经达到−47.6‰,稳定期后期 $\delta^{13}CH_4$ 降低至−52.8‰~

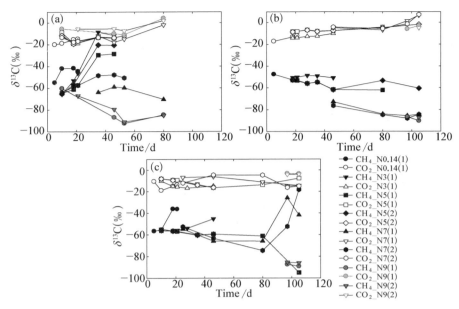

（a）接种污泥 TCS，（b）接种污泥 MCS，（c）接种污泥 MFS

图 5 - 4 不同氨浓度各反应器的 $\delta^{13}CH_4$ 和 $\delta^{13}CO_2$

$-53.4‰$，$\delta^{13}CO_2$ 则由 $-17.2‰$ 升高到 $-12.2‰$。MFS - N0.14(1) 中 $\delta^{13}CH_4$ 的变化规律与 TCS - N0.14(1) 相似。

由于产甲烷反应中存在同位素分馏效应，乙酸中的 ^{12}C 被优先转化，进而引起了残留乙酸中 ^{13}C 的富集。进入产甲烷稳定期后，溶液中的乙酸已经大部分被消耗，而 ^{13}C 富集效应使得低浓度残留乙酸中 ^{13}C 含量增加，这有可能导致了稳定期 $\delta^{13}CH_4$ 和 $\delta^{13}CO_2$ 值同时增加[67]。而在稳定期末，乙酸已基本被消耗完毕。当乙酸处于限制状态时，产甲烷菌可能开始利用 H_2 和 CO_2 作为基质进行氢营养型产甲烷途径，从而使得 $\delta^{13}CH_4$ 值降低，$\delta^{13}CO_2$ 值增加。

较高氨浓度 $214\sim357$ mmol/L TAN 下，各高温反应器在稳定期显示了更强烈的 ^{13}C 富集效应，$\delta^{13}CH_4$ 由活跃期初始（10 d）的 $-64.7‰\sim$ $-64.5‰$，逐渐升高到稳定期的 $-11.7‰\sim-28.4‰$（46 d）；而 $\delta^{13}CO_2$

则经历了先降低(由 $-8.9‰\sim-11.6‰$ 降低到 $-18.8‰\sim-19.5‰$)，后增加(增加到 $-13.8‰\sim-14.1‰$)的过程。214 mmol/L TAN 下，MCS - N3 和 MFS - N3 中活跃期的 $\delta^{13}CH_4$ 分别稳定于 $-49.9\pm0.8‰$ 和 $-54.3\pm1.0‰$，$\delta^{13}CO_2$ 则分别为 $-13.7\pm1.0‰$ 和 $-14.4\pm2.5‰$。随着乙酸逐渐被消耗，MCS - N3 中的 $\delta^{13}CH_4$ 呈现缓慢降低的趋势，而 MFS - N3 中的 $\delta^{13}CH_4$ 则于活跃末期(46 d)，增加到 $-44.3‰$。

临界氨浓度　处于不稳定状态下的 TCS - N7(2)、MCS - N5 和 MFS - N5 反应器中，$\delta^{13}CH_4$ 和 $\delta^{13}CO_2$ 在后活跃期的值分别低于和高于前活跃期的值。如在 MFS - N5 中，$\delta^{13}CH_4$ 和 $\delta^{13}CO_2$ 在前活跃期分别稳定于 $-56.0‰\sim-61.2‰$ 和 $-8.1‰\sim-16.4‰$，进入后活跃期时则分别降低和升高至 $-94.0‰$ 和 $-7.8‰$。TCS - N7(2) 和 MCS - N5 在由前活跃期向后活跃期的过渡中，$\delta^{13}CH_4$ 和 $\delta^{13}CO_2$ 亦分别呈现逐渐减少和增加的趋势。

高氨浓度　甲烷化启动前，反应器 TCS - N7(1)、TCS - N9、MCS - N7 和 MFS - N7 均经历了较长的迟滞期。在这些反应器内，除 MFS - N7 外，$\delta^{13}CH_4$ 值均处于较低水平，而 $\delta^{13}CO_2$ 的值则处于较高水平。TCS - N7(1) 中，$\delta^{13}CH_4$ 的值由活跃产甲烷初期的 $-59.0‰\sim-63.8‰$ 降低至后期的 $-70.4‰$，$\delta^{13}CO_2$ 则由 $-11.9‰\sim-18.0‰$ 增加至后期的 $-2.1‰$。TCS - N9 和 MCS - N7 中，甲烷快速产生时，$\delta^{13}CH_4$ 的值始终低于 $-70.0‰$，而 $\delta^{13}CO_2$ 的值始终高于 $-10.0‰$。在 MFS - N7 中，活跃产甲烷初期，$\delta^{13}CH_4$ 值较低($-63.3‰\sim-74.6‰$)，$\delta^{13}CO_2$ 较高($-4.6‰\sim-11.3‰$)，而在活跃期中后阶段，$\delta^{13}CH_4$ 则显著增加($-18.4‰\sim-41.9‰$)，$\delta^{13}CO_2$ 则相应减少($-14.6‰\sim-14.1‰$)。

对于未进入活跃产甲烷期的 MCS - N9 和 MFS - N9，$\delta^{13}CH_4$ 值始终低于 $-84.0‰$，而 $\delta^{13}CO_2$ 值则高于 $-6.1‰$。

2. 不同反应器中的表观产甲烷同位素分馏因子 α_c

各反应器气相 α_c 值的计算结果见图 5-5。可知,不同反应体系中均呈现出 α_c 值随氨浓度增加而提高的趋势,但其随时间的变化过程却存在一定的差异。

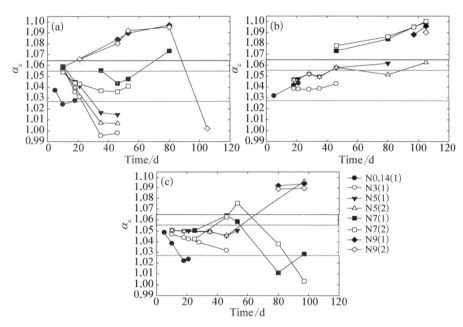

(a) 接种污泥 TCS,(b) 接种污泥 MCS,(c) 接种污泥 MFS

图 5-5 不同氨浓度各反应器的 α_c 值

低氨浓度 10 mmol/L TAN 下,各反应器的 α_c 值均处于较低水平,为 1.022~1.049。活跃产甲烷期初始阶段,α_c 值较高。随着甲烷的快速产生,α_c 值降低。活跃产甲烷末期和稳定期,α_c 值又有升高的趋势。Whiticar 等人研究发现[200],$\alpha_c > 1.065$ 时,氢营养型途径为产甲烷主导途径;$\alpha_c < 1.055$ 时,甲烷则主要通过乙酸发酵型途径产生。由此分析,低氨浓度下,甲烷化代谢主要通过乙酸发酵型途径进行生成,其同位素分离效应随着乙酸的逐渐消耗而有所变化。[13]C 在液相基质中的富集,

可能导致了培养后期 α_c 值的降低。

较高氨浓度　214～357 mmol/L TAN 下,高温反应器进入活跃产甲烷期后,α_c 值呈现逐渐降低的趋势,由缓慢产甲烷末期的 1.058～1.060,逐渐降低到活跃产甲烷后期的 0.996～1.015;357 mmol/L TAN 下的 α_c 值则略高于 214 mmol/L TAN 时。214 mmol/L TAN 下,处于活跃产甲烷期的 MCS - N3 和 MFS - N3 中,α_c 值略有差异。MCS - N3 中 α_c 值稳定于 1.038,当产甲烷速率开始降低时,α_c 值开始有升高的趋势;MFS - N3 中 α_c 值则呈现缓慢降低的趋势,由初始的 1.047 逐渐降低到 1.032。

由此可见,在较高氨浓度下(高温 214～357 mmol/L TAN,中温 214 mmol/L TAN),甲烷主要由乙酸直接发酵产生。随着乙酸的逐渐转化,厌氧生境中的基质浓度、pH 等也在变化。不同的微生物体系中,α_c 值随时间的变化开始出现细微的差异。

临界氨浓度　随着氨浓度的提高,氨对微生物的胁迫也逐渐增加,达到临界浓度时,微生物体系开始变得不稳定。500 mmol/L TAN 下,TCS - N7(2) 几乎同时与 TCS - N5(1, 2) 进入活跃产甲烷期,其 α_c 值在初始阶段由 1.054 缓慢降低至 1.036,进入后活跃期时则又呈现出升高的趋势(升高到 1.041)。MCS - N5 中,α_c 值由前活跃期的 1.047 逐渐增加到后活跃期的 1.063。MFS - N5 中,α_c 值在 0～40 d 时于 1.046～1.051 间小幅度波动,培养后期产甲烷速率开始再次增加时,快速升高到 1.096。

可见,在不稳定状态下,产甲烷过程的初始阶段,甲烷主要通过乙酸发酵型途径生成;而在此后的中间抑制期和后活跃产甲烷期,氢营养型途径的贡献逐渐增加,并成为主导途径。由此推测,乙酸营养型产甲烷菌对于氨胁迫具有一定的抵抗力。随着乙酸的消耗,pH 升高,导致氨的存在形态改变,胁迫增强,产甲烷菌即开始受到抑制,产甲烷过程进入中间抑制期。随着胁迫环境下暴露时间的增加,产甲烷菌受到驯化,或者新的具有胁迫耐受性的产甲烷菌群逐渐产生并成为优势菌群,乙酸的代谢途径随之发生变化,产甲烷过程进入后活跃产甲烷期。

高氨浓度 TCS - N7(1)、TCS - N9 和 MCS - N7、MFS - N7 反应器均经历了长达 30~60 d 的产甲烷迟滞期。甲烷化启动后,TCS - N7(1)中的 α_c 值由缓慢产甲烷期的 1.044~1.055 逐渐增加到活跃产甲烷期的 1.073。TCS - N9 中,α_c 值由缓慢期的 1.080 逐渐增加至活跃期的 1.095。类似的,MCS - N7 中,α_c 值由 1.076($\pm$0.002)逐渐增加至 1.100。MFS - N7 则与其他反应器不同,即:α_c 在缓慢期具有更高的值(1.043~1.075),进入活跃期后,反而快速降低(1.003~1.038)。由此推断,活跃产甲烷期,在 TCS - N7(1)、TCS - N9 和 MCS - N7 中,甲烷主要由氢营养型途径生成;而在 MFS - N7 中,甲烷则主要通过乙酸发酵型途径产生。

643 mmol/L TAN 下,在未进入活跃产甲烷期的 MCS - N9 和 MFS - N9 中,CH_4 和 CO_2 在培养末期缓慢产生,此时 α_c 的值处于较高水平(1.088~1.096),产甲烷反应具有极强的碳同位素分馏效应。

5.3.4 产甲烷途径及功能微生物菌群的演变

厌氧降解过程中甲烷生成途径的变化也可通过 $\delta^{13}CH_4$ 的变化进行表征。$\delta^{13}CH_4$ 的值取决于底物(乙酸和 CO_2)的碳同位素比值和产甲烷反应的同位素分馏系数,计算公式(参考本书 2.5.3.1 章节)如下:

$$\delta CH_4 = f_{mc} \times \delta_{mc} + (1 - f_{mc}) \times \delta_{ma} \qquad (5-9)$$

$$\delta_{ma} = \delta_{ac\text{-}methyl} + (1 - \alpha_{ma}) \times 10^3 \qquad (5-10)$$

$$\delta_{mc} = \delta CO_2 + (1 - \alpha_{mc}) \times 10^3 \qquad (5-11)$$

式中,δ_{ma} 为由乙酸甲基生成的 CH_4 的稳定碳同位素丰度;δ_{mc} 为 CO_2 还原生成的 CH_4 的稳定碳同位素丰度;δCH_4 为实际生成的 CH_4 的稳定碳同位素丰度;$\delta_{ac\text{-}methyl}$ 为基质乙酸中甲基的稳定碳同位素丰度;δCO_2 为

基质 CO_2 中的碳同位素丰度；α_{ma} 为乙酸型产甲烷途径的稳定碳同位素分馏效应因子；α_{mc} 为氢营养型产甲烷途径的稳定碳同位素分馏效应因子；f_{mc} 为氢营养型甲烷化途径对总产甲烷量的贡献。

根据以上公式计算两种产甲烷途径的比例，需要确定 $\delta_{ac\text{-}methyl}$、$\delta CO_2$、$\alpha_{ma}$ 和 α_{mc} 的值。由于实验仪器和测试方法的限制，本研究中未直接测试这些参数。但是，可以根据文献值和其他假设获得这些参数的大致取值，据此估算甲烷的生成途径。

根据式（2-10），δ_{ma} 的取值由 $\delta_{ac\text{-}methyl}$ 和 α_{ma} 决定。对乙酸整体稳定碳同位素比值的测试结果显示，δ_{ac} 值约为 $(-24.4 \pm 0.2)‰$。如图 5-6 所示，$\delta_{ac\text{-}methyl}$ 的值通常比 δ_{ac} 低 7‰[144]，因此 $\delta_{ac\text{-}methyl}$ 值约为 $-31‰$。在乙酸供给充分时，根据对纯培养产甲烷菌的研究结果，α_{ma} 值的范围为 $1.007 \sim 1.027$（附表 A-1），此时，δ_{ma} 值的范围应为 $-38‰ \sim -58‰$。

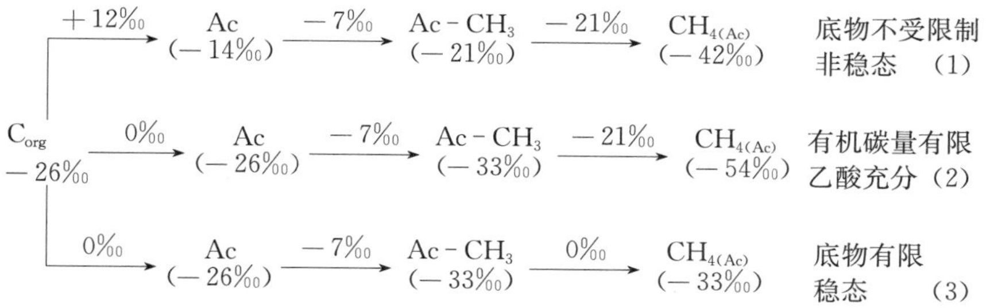

图 5-6　有机物通过乙酸发酵型途径产甲烷的碳同位素分馏效应模型[139]

随着乙酸逐渐被降解，底物中的 ^{13}C 逐渐富集，产甲烷过程的同位素分馏效应逐渐降低。假设乙酸全部转化为甲烷，则累积 CH_4 的 δ_{ma} 值应为 $-31‰$。故培养末期乙酸浓度降到极低水平时，δ_{ma} 值应 $\geqslant -31‰$。

相应的，δ_{mc} 的取值决定于 CO_2 中的 ^{13}C 同位素比值（δCO_2）和氢营养型途径的稳定碳同位素分馏效应因子（α_{mc}）。当乙酸浓度高于其限制浓度时，本研究中测得 CO_2 的 ^{13}C 同位素比值为 $-20‰ \sim -3‰$。已有的对纯培养产甲烷菌的研究结果表明，α_{mc}值的范围为 $1.045 \sim 1.080$（附表 A-1）。因此，CO_2 还原生成的 CH_4 的 ^{13}C 同位素比值范围为 $-48‰ \sim -100‰$。

根据实测 δCH_4 的变化可以看到，随着氨浓度的提高，氢营养型产甲烷途径的比重逐渐增加。由于本实验中乙酸为唯一的有机碳源，故氢营养型甲烷化反应的底物（H_2/CO_2）应主要来自乙酸氧化反应。产物中稳定碳同位素比值的变化，反映的是共生乙酸氧化和氢营养型甲烷化联合途径对乙酸降解过程的贡献。

低氨浓度（10 mmol/L TAN）下，中温和高温培养中，甲烷主要通过乙酸发酵型途径产生。较高氨浓度（高温 $214 \sim 357$ mmol/L TAN；中温 214 mmol/L TAN）下，乙酸发酵仍然为主导途径，但甲烷化反应逐渐受到抑制，表现为迟滞期的延长和产甲烷速率的降低；同时，$\delta^{13}CH_4$ 值的降低和 α_{mc} 的升高，表明乙酸氧化细菌和氢营养型产甲烷菌逐渐参与到乙酸向甲烷的转化中。氨浓度进一步升高（高温 500 mmol/L TAN；中温 357 mmol/L TAN）后，微生态开始变得不稳定，生境中各生态因子极小的差异都可能导致微生物菌群结构和功能向着两个方向发展，即：甲烷化过程可能在初期通过乙酸发酵型途径进行，而后逐渐向氢营养型途径转化；也可能在经历较长的迟滞期后，甲烷化过程通过氢营养型途径启动。在高氨浓度（高温 643 mmol/L TAN；中温 $500 \sim 643$ mmol/L TAN）下，乙酸发酵型甲烷化途径完全被抑制，在经历了长时间的迟滞期以后，共生乙酸氧化和氢营养型甲烷化串联反应开始活跃进行。

5.4 小   结

（1）氨对产甲烷反应的抑制强度随其浓度的增加而提高，表现为产甲烷迟滞期的延长和产甲烷速率的降低。相对于高温厌氧系统,中温厌氧系统更容易受到氨的影响,表现为相同的氨浓度对产甲烷菌具有更强的抑制效果。

(2) 高氨胁迫引发了产甲烷途径的转变。随着氨浓度的提高,氢营养型产甲烷途径的比重逐渐增加,产甲烷主导途径逐渐由乙酸发酵型转向氢营养型。与乙酸营养型产甲烷菌相比,共生乙酸氧化细菌和氢营养型产甲烷菌对氨胁迫具有更高的耐受性。

(3) 中温下 TAN$<$357 mmol/L 时和高温下 TAN$<$500 mmol/L 时,乙酸的厌氧甲烷化代谢主要通过乙酸发酵型甲烷化途径进行;中温下 TAN$=$357 mmol/L 和高温下 TAN$=$500 mmol/L 时,嗜乙酸产甲烷微生物菌群处于不稳定状态,可能通过乙酸发酵型甲烷化途径,或者共生乙酸氧化和氢营养型甲烷化联合途径降解乙酸;中温下 TAN$>$357 mmol/L 和高温下 TAN$>$500 mmol/L 时,乙酸发酵型甲烷化途径完全受到抑制,经过较长迟滞期后,乙酸通过共生乙酸氧化和氢营养型甲烷化联合途径被降解。

(4) 氨对产甲烷菌的抑制主要源于游离态氨的作用。在临界 TAN 浓度下,pH 随着 CH_3COO^- 的消耗逐渐升高,FAN 随之提高,当中温和高温下分别增加至 9~10 mmol/L 和 18~21 mmol/L 时,乙酸发酵型甲烷化途径逐渐受到抑制,产甲烷主导途径开始转向氢营养型,由此形成了产甲烷速率随时间的“双峰”模式变化。发生甲烷化途径转变的初始 FAN 浓度则相对较低,为 5 mmol/L(中温)和 11 mmol/L(高温)。当 FAN 逐渐升高时,乙酸发酵型产甲烷菌显示了比初始状态更高的胁迫耐受能力,这可能与其受到驯化有关。

第 *6* 章

基于 DNA – SIP 的氨胁迫下
厌氧产甲烷微生态研究

6.1 概　　述

　　厌氧消化系统存在着种群繁多、关系异常复杂的微生物种群,甲烷的产生是各微生物种群相互平衡、协同作用的结果。近年来,基于核酸分析的分子生物学技术为环境工程和微生物学者探索厌氧消化反应器内的微生物世界提供了强有力的工具。然而,利用传统的分子生物学技术,如基于 PCR 的指纹图谱技术(包括 DGGE、ARISA 等)、qPCR 技术、克隆文库等[187],直接对环境样品进行分析,往往忽略了特定环境下微生物的功能,难以提供原位环境下有关微生物间相互作用及其代谢功能的直接信息[153]。荧光原位杂交技术实现了特定微生物种群的原位观测,但是,其探针往往是基于 16S rRNA 或某种代表性的功能基因进行设计,由此可能导致某些非经典途径的功能微生物种群被忽略。核酸稳定同位素标记技术,如 DNA – SIP,则克服了这一难点。在实现对特定环境下微生物群落结构进行分类学鉴定的同时,又可确定其在物质代谢过程中的功能,从而提供了复杂群落中微生物间相互作用及其代谢功能的详细信息[157]。目前,DNA - SIP 已经被广泛应用于土壤[65]、沼泽地[154]、海洋[155]等生境中微生物种群的研究。然而,其在人工厌氧甲烷化系统中,尤其是胁迫状态下对功能微生物的研究则鲜见报道。该方法在应用过程中会产生微生物间的交互营养问题,不适当的样品选择可能降低方法的特异性。另外,微生物对标记性底物的同化过程也受到诸多因素影响,如微生物的生长状况等[157]。因此,在将其应用于新的目标体系时,首先需要进行方法学探索。

　　针对产甲烷微生态耐受氨胁迫的研究,有文献报道:产甲烷菌群在 TAN 浓度高达 429～500 mmol/L 时,仍能够保持活跃的产甲烷能力[118]。我们的前期研究也发现,高温厌氧产甲烷污泥对高浓度氨(TAN≤500 mmol/L)具有一定耐受性。为准确识别氨胁迫下甲烷化中心建立过程中的功能微生物,本章将 DNA - SIP 技术结合焦磷酸高通量测序方法引入到人工厌氧系统中,研究了氨胁迫下的产甲烷微生态,探讨了如何避免交互营养现象对识别功能菌群的干扰等问题;同时,综合运用了 ARISA 和 FISH 技术,以更全面地提供群落结构变化演替的信息。

6.2　实验材料与方法

6.2.1　接种污泥

　　实验所用接种污泥为新鲜的高温厌氧甲烷化污泥 TCS,其性质见本书第 2.1.1 章节。采集污泥前,将 ASBR 反应器内的污泥床轻轻混匀,以获得均匀的微生物样品。实验开始前,将采集的污泥颗粒浸入预热至 55℃的厌氧培养基中过夜,以去除残余碳源。

6.2.2 反应器设置与操作

采用总容积为 1 075 mL 的玻璃瓶（Fisher Scientific Laboratory，U. S. A.）作为反应容器，液相的体积为 250 mL。反应体系采用改良的 BMP 培养基作为基础培养基（表 2 - 2），添加微量元素（表 2 - 3）和维生素储备液（表 2 - 4）。采用 NH_4Cl 调节反应体系的氨浓度，使初始 TAN 浓度分别为 19 mmol/L 和 500 mmol/L（依次对应 0.26 g/L 和 7.0 g/L）。添加 CH_3COONa（分析纯，上海国药试剂有限公司）和 $[1, 2 -^{13}C]$ CH_3COONa（^{13}C 含量 99%，Cambridge isotopic laboratory，U. K.）分别作为未标记和标记实验中的有机碳源，初始乙酸浓度为 100 mmol/L。另取适量污泥作为接种物，接种浓度为 4 g - VS/L。为测试污泥内源呼吸中的产甲烷效应，本实验还设置了一组不添加乙酸的反应器作为空白（Blank）对照。反应器设置及命名见表 6 - 1，每组 3 平行。

表 6 - 1 DNA - SIP 技术应用实验中的反应器设置

反应器名称	接种污泥	基 质	基质浓度/(mmol·L^{-1})	氨浓度（以 TAN 计）	
				/(mmol·L^{-1})	(g·L^{-1})
N0. 26 - 12C	TCS	CH_3COOH	100	19	0.26
N0. 26 - 13C	TCS	$[1, 2 -^{13}C]CH_3COONa$			
N7 - 12C	TCS	CH_3COOH	100	500	7.0
N7 - 13C	TCS	$[1, 2 -^{13}C]CH_3COONa$			
N0. 26 - Blank	TCS	——	0	19	0.26
N7 - Blank	TCS	——	0	500	7.0

反应器安装完毕后，采用气体置换装置将反应器内的空气抽出，并充入 N_2（99.999%）；之后，将其置于 55℃ 的恒温箱静置培养。培养过

程中,采用 1 mol/L HCl 溶液对液相的 pH 进行调节,控制其值低于
8.2。定时采集和测试气体与液体样品,直至乙酸浓度低于检测限。定
期从反应器内采集污泥样品,采集过程在厌氧操作平台(Forma 1029,
Thermo Scientific,U. S. A.)内完成。样品采集结束后,将反应器内重
新充满 N_2。

因技术本身的原因,本实验中的污泥样品难以在 FISH 实验中获得
清晰的信号。故在后续工作中,先开展了相似初始条件(相同 TAN 浓
度、乙酸浓度、温度和接种污泥)下的实验研究,之后在分析微生物样品
时,采用了改进的 FISH 方法。由于 rRNA 保存效果的改善,FISH 技术
得以成功应用。为探讨氨胁迫下功能微生物的形态变化,本章展示了部
分 FISH 实验结果。

6.2.3　测试指标与方法

1. 气相

同 2.2.1 节。

气相稳定碳同位素比值 $\delta^{13}CH_4$ 和 $\delta^{13}CO_2$ 的测试方法参照 2.3 节。

2. 液相

同 2.2.2 节。pH 的修正方法参照 5.3.2.2 节。

3. 固相

同 2.2.3 节。

4. DNA - SIP 和焦磷酸测序

同 2.4.5 节和 2.4.6 节。

5. FISH

同 2.4.4 节。

6. PCR - ARISA

同 2.4.2 节。

7. 数据分析与计算方法

同 2.5 节。

6.3 结 果 与 讨 论

6.3.1 乙酸的厌氧甲烷化过程

反应器安装完毕后，在 TAN 19 mmol/L 的反应器中，甲烷即快速产生。而在 TAN 500 mmol/L 的反应器中，甲烷则以较慢的速率生成，但无显著的迟滞期。如图 6-1 所示，在相同的 TAN 浓度下，^{13}C 标记和未标记的反应器中，乙酸向甲烷的转化过程并无显著差异。可见，底物的 ^{13}C 标记未对嗜乙酸产甲烷微生物菌群的代谢产生影响。采用 Gompertz 模型拟合不同 TAN 浓度下的产甲烷过程，结果见表 6-2。当 TAN 为 19 mmol/L 时，未标记实验和 ^{13}C 标记实验中最大比产甲烷速率（μ_{CH_4}）分别为 0.347±0.057 和 0.272±0.039 mol/(mol-acetate·d)；而当 TAN 为 500 mmol/L 时，未标记实验和 ^{13}C 标记实验中最大比产甲

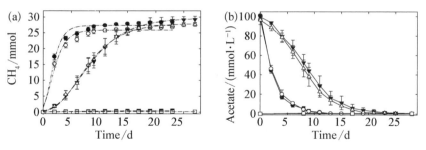

(a) CH_4，(b) 乙酸浓度；(●) N0.26-12C，(○)N0.26-13C，(■)N0.26-Blank，(▼) N7-12C，(△) N7-13C，(□) N7-Blank

图 6-1　标记和未标记反应器的累计产甲烷量和乙酸浓度

注：图(a)中虚线为 Gompertz 模型拟合曲线。图中数据点为 3 平行实验的平均值，误差线表示标准偏差。

烷速率分别为 0.099 ± 0.003 和 0.104 ± 0.003 mol/(mol-acetate • d)。与 TAN 19 mmol/L 的反应器相比,下降了 $62\%\sim72\%$,但高氨浓度下的微生物仍保留了一定的产甲烷活力。

表 6－2　标记和未标记各反应器产甲烷过程的 Gompertz 模型拟合结果

反应器	最大产甲烷潜力 P /mmol	最大比产甲烷速率 μ_{CH_4} /mol/(mol-acetate • d)	产甲烷迟滞期 λ /d	R^2
N0.26－12C	27.3 ± 0.4	0.347 ± 0.057	0.1	0.977 4
N0.26－13C	24.8 ± 0.4	0.272 ± 0.039	0.0	0.979 4
N7－12C	29.7 ± 0.2	0.099 ± 0.003	2.2	0.999 2
N7－13C	28.0 ± 0.2	0.104 ± 0.003	2.3	0.998 8
N0.26－Blank	0.5 ± 0.0	0.001 ± 0.000	—	0.960 6
N7－Blank	0.2 ± 0.0	0.001 ± 0.000	—	0.912 3

注:表中最大比产甲烷速率的值,为 3 平行实验数据的平均值±标准偏差。

在 TAN 500 mmol/L 反应器中,液相 pH 波动于 6.5~7.6 间,FAN 的估算值为 6~65 mmol/L。据文献报道,FAN 高于 6 mmol/L 时,即对产甲烷菌产生抑制[115]。在环境因素(如 pH、FAN 等)动荡变化,并且存在较高氨胁迫的 TAN 500 mmol/L 反应器中,产甲烷反应仍以一定速率稳定进行,说明该环境中的产甲烷菌群对环境因素的剧烈变化和氨胁迫已具有一定的耐受性。

在培养末期,当 TAN 分别为 19 mmol/L 和 500 mmol/L 时,乙酸浓度分别于 15 d 和 23 d 后稳定,称此时的乙酸浓度为"限制浓度"。在 TAN 500 mmol/L 反应器中,残留乙酸浓度小幅波动于 0.4~0.6 mmol/L,这与甲烷八叠球菌 Methanosarcina sp. 利用乙酸的浓度阈值(0.4~1.2 mmol/L),尤其是嗜热甲烷八叠球菌(0.7 mmol/L)[107]相接近。而在 TAN 19 mmol/L 反应器中,残留乙酸浓度低于 0.1 mmol/L。

与 *Methanosarcina* sp. 相比,甲烷鬃毛菌 *Methanosaeta* sp. 和共生乙酸氧化细菌则对乙酸具有更高的亲和力,两者利用乙酸的浓度阈值均低于 0.1 mmol/L[71]。由此可见,反应器中乙酸限制浓度的变化,可能反映了不同氨胁迫状态下功能微生物种群的差异。

6.3.2 甲烷化代谢途径

图 6-2 显示了未标记实验中,$\delta^{13}CH_4$、$\delta^{13}CO_2$ 和 α_c 随时间的变化。

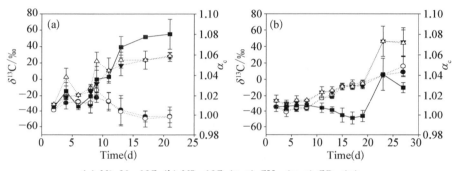

(a) N0.26-12C,(b) N7-12C;(●,○) CH_4,(▼,△) CO_2,(■) α_c;
(●,▼) 实测数据,(○,△) 计算得到新产生的 CH_4 和 CO_2 的稳定同位素含量

图 6-2 未标记各反应器的 $\delta^{13}CH_4$,$\delta^{13}CO_2$ 和 α_c

注:图中数据点为 3 平行实验的平均值,误差线表示标准偏差。

TAN 500 mmol/L 反应器中,当乙酸浓度高于 50 mmol/L 时,气相的 $\delta^{13}CH_4$ 和 $\delta^{13}CO_2$ 值分别为 $-41.4‰ \sim -34.5‰$ 和 $-32.7‰ \sim -26.4‰$,此时的 α_c 值为 1.008～1.010。之后,随着乙酸浓度的降低,$\delta^{13}CH_4$ 和 $\delta^{13}CO_2$ 值逐渐提高到 0‰左右,α_c 值则逐渐降低到 1.000 左右。当乙酸浓度低于 1 mmol/L 时,$\delta^{13}CO_2$ 值迅速增加,使得 α_c 值提高到 1.028～1.041。而 $\delta^{13}CH_4$ 值在反应末期的增加,可能与残留乙酸中 ^{13}C 的富集效应相关。

TAN 19 mmol/L 反应器中,当乙酸浓度高于 3 mmol/L 时,α_c 值波动于 1.008～1.025 之间。随着乙酸浓度继续降低,$\delta^{13}CH_4$ 和 $\delta^{13}CO_2$ 值分别

降低和升高,使得 α_c 值增加到 1.077~1.080,并未发生底物中 ^{13}C 富集导致 δ^{13}CH$_4$ 增加的现象。在未添加乙酸的空白实验中,污泥内源呼吸产生少量的 CH$_4$ 和 CO$_2$,其 α_c 值在不同氨浓度下均为 1.019~1.030。

由此可见,在底物充足时,甲烷通过乙酸发酵型途径生成,TAN 浓度对代谢途径无显著影响。随着乙酸浓度持续降低,并成为限制因素时,TAN 19 mmol/L 下,主导代谢途径转向氢营养型;而在 TAN 500 mmol/L 下,氢营养型途径的贡献亦可能有所增加。这与产甲烷底物、乙酸和 H$_2$/CO$_2$ 浓度的变化密切相关。

本实验未引入无机碳源,厌氧产气中的碳大部分来源于添加的乙酸。由于产甲烷反应中存在的同位素分馏效应(乙酸发酵型的分馏因子为 1.007~1.027;氢营养型的分馏因子为 1.045~1.080),^{13}C 在残留乙酸中逐渐富集。因此,气相中 δ^{13}CO$_2$ 值的增加可能是由甲烷化过程中乙酸内 ^{13}C 的富集导致,也可能是 CO$_2$ 还原产甲烷反应中较高的分馏效应造成。

6.3.3　^{13}C 标记与未标记 DNA 的分离和分级

在 ^{13}C 标记的乙酸被同化的过程中,功能微生物的 DNA 因富集了 ^{13}C 而密度提高,不活跃微生物的 DNA 则保持密度不变。本研究采用氯化铯超高速密度梯度离心法,根据密度差异将 DNA 进行分级分离。同一次分离过程中,对未标记实验和标记实验中取得的 DNA 进行平行操作。然后,根据两者的密度梯度分布图的差异,识别富集了 ^{13}C 的高密度组分和未富集标记物的低密度组分。

图 6-3 和图 6-4 展示了不同培养阶段各反应器内污泥样品 DNA 的 CsCl 密度梯度分布。未标记实验中,浮力密度为 1.70~1.71 ng/mL 的 DAN 组分浓度最高,代表了未标记 DNA 中含量最高的组分。而在标记实验中,浮力密度为 1.73~1.75 ng/mL 的 DNA 组分的浓度显著

增加。随着培养时间的延长,该部分 DNA 逐渐成为含量最高的组分。因此,根据标记和未标记实验的比较结果,确认浮力密度在 1.69～1.72 ng/mL 和 1.73～1.75 ng/mL 的 DNA 分别为轻 DNA 组分和重 DNA 组分,将其回收并进行后续分析。标记实验中,重 DNA 组分的增加显示了微生物逐渐同化标记碳源的过程。

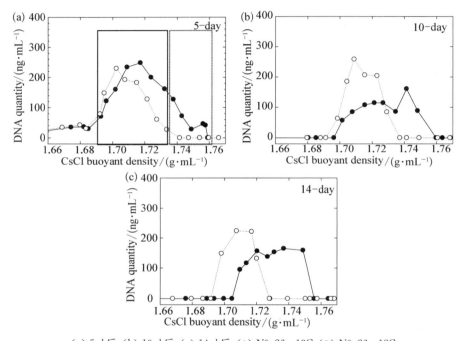

(a) 5 d 后,(b) 10 d 后,(c) 14 d 后;(●) N0.26-13C,(○) N0.26-12C

图 6-3　TAN 19 mmol/L 下 DNA 的 CsCl 密度梯度分布

注:黑色方框内为未标记的轻 DNA 组分 L-D_H5;灰色方框内为标记的重 DNA 组分 H-D_H5。

　　本文对 DNA 组分的命名规则如下:以"H-D_L5"为例,第一部分象征 DNA 的密度差异,如"L-D"表示低密度 DNA,"H-D"表示高密度 DNA;第三个字母表示 TAN 浓度,如"L"表示 19 mmol/L,"H"表示 500 mmol/L;接下来的数字表示培养时间,如"5"表示培养 5 d 后。

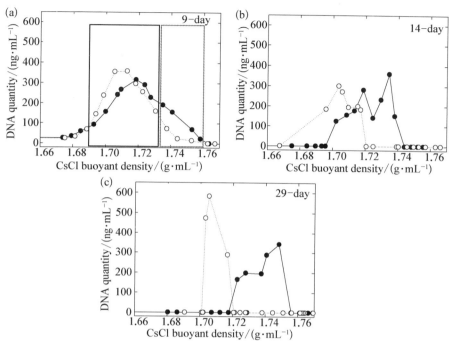

(a) 9 d后,(b) 14 d后,(c) 29 d后;(●) N7‐13C,(○) N7‐12C

图 6‐4　TAN 500 mmol/L 下 DNA 的 CsCl 密度梯度分布

注:黑色方框内为未标记的轻 DNA 组分 L‐D_H9;灰色方框内为标记的重 DNA 组分 H‐D_H9。

6.3.4　内源呼吸干扰和测序样品的选择

当乙酸浓度降低到限制浓度时,检测到的累计甲烷产量为 0.52～ 0.58 mmol‐CH$_4$/mmol‐C$_{added}$,略高于理论的化学计算产量。当乙酸浓度高于 1 mmol/L 时,采用[1,2‐^{13}C] CH$_3$COONa 为底物的标记实验中,检测到的 ^{13}CH$_4$ 占总 CH$_4$ 产生量的 94％～96％,而 ^{13}CO$_2$ 则在生成的 CO$_2$ 中占 93％～94％(图 6‐5)。这表明,超过 94％的 CH$_4$ 和超过 93％的 CO$_2$ 产生于外加的乙酸碳源,大部分(＞99％)乙酸通过甲烷化过程被转化。当乙酸浓度降低到 1 mmol/L 以下时,^{13}CH$_4$ 和 ^{13}CO$_2$ 的百分比迅速下降,说明其非乙酸碳源的甲烷化开始变得显著,如内源呼吸效应和微生物间的交互营养现象,由此产生$^{12}CH_4$和$^{12}CO_2$导致对^{13}C标记气体的稀释作用。内源呼吸效应在未添加乙酸的空白实验中已得到验证。在培养前期产甲烷过程处于指数增长期时,内源呼吸和交互营养现象并不显著。

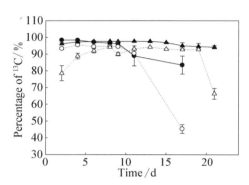

($\bullet$) CH$_4$_N0.26 - 13C,($\circ$) CO$_2$_N0.26 - 13C,($\blacktriangle$) CH$_4$_N7 - 13C,($\triangle$) CO$_2$_N7 - 13C

图 6 - 5　^{13}C 标记各反应器的 $\delta^{13}CH_4$ 和 $\delta^{13}CO_2$

注:图中数据点为 3 平行实验的平均值,误差线表示标准偏差。

在 TAN 为 19 mmol/L 和 500 mmol/L 下的整个培养过程中,各选择了 3 个阶段的污泥样品进行了不同密度 DNA 的分级分离。随着乙酸浓度持续降低,内源呼吸和交互营养现象逐渐变得显著。因此,在后续的通量测序和序列分析中,仅在标记实验中,选择了乙酸浓度较高(约 50 mmol/L,处于活跃产甲烷期)时的 DNA 进行测试和分析,包括分离得到的 4 个 DNA 组分,即: TAN 19 mmol/L 标记实验培养 5 d 后,累计产甲烷量达到 75% 时的轻 DNA 组分 L - D_L5 和重 DNA 组分 H - D_L5; TAN 500 mmol/L 标记实验培养 9 d 后,累计产甲烷量达到 50% 时的轻 DNA 组分 L - D_H9 和重 DNA 组分 H - D_H9。其中,轻 DNA 组分中的 C 基本为 ^{12}C,其序列信息代表了在体系中原本存在,但在乙酸的快速转化过程中不活跃的微生物群体;重 DNA 组分中的 C 大部分为 ^{13}C,

其序列信息代表了在乙酸的快速转化过程中活跃的微生物群体。

6.3.5　古菌和细菌序列的基因文库

1. 微生物菌群结构多样性

对 H‑D_L5、L‑D_L5、H‑D_H9 和 L‑D_H9 四个样品的古菌和细菌的 16S rRNA 基因进行了 PCR 扩增,并对扩增后的 DNA 片段进行高通量测序,分析处理所有的测序结果,去掉空载体、测序质量差的序列以及嵌合体序列后,古菌和细菌群落分别得到了2 004～5 883 和1 349～34 117 条高质量序列。之后,通过与 RDP 数据库的已知序列进行比对,对所获得的序列进行分类学分析。

图 6‑6 显示了各 DNA 样品文库预测古菌和细菌基因型丰度的稀疏化分析结果。当预测基因型丰度(Observed species)随可分析序列数量(Sequences per sample)的变化进入平台期,即可认为文库容量已经足以分析其丰度[204]。可见,除 L‑D_H9 的细菌序列分析尚未进入平台期外,其他样品序列分析均显示,样品文库的库容已经足以分析其中微生物群落的多样性。由图 6‑6 可见,细菌的基因型丰度要远高于古

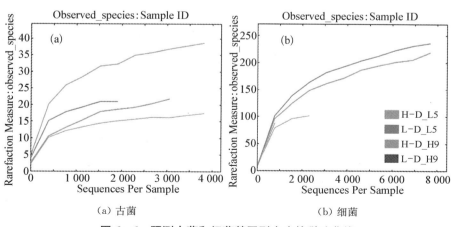

（a）古菌　　　　　　　　　　　（b）细菌

图 6‑6　预测古菌和细菌基因型丰度的稀疏曲线

菌,说明细菌群落结构比古菌更为复杂。而标记 DNA 中细菌和古菌的基因型丰度高于未标记 DNA,说明整个微生物群落中仅小部分成员处于代谢活跃状态。低氨浓度下标记 DNA 中细菌和古菌的基因型丰度高于高氨浓度下,说明氨胁迫降低了功能微生物种群结构的多样性,仅耐氨胁迫的微生物种群处于代谢活跃状态。

如表 6-3 所示,不同 DNA 样品中微生物种群结构的多样性特征也可以通过香农多样性指数(H)得到验证。

表 6-3　各 DNA 组分中微生物菌群结构的香农多样性指数 H

微生物种群	H-D_L5	L-D_L5	H-D_H9	L-D_H9
古菌 Archaea	1.36	2.21	0.88	2.83
细菌 Bacteria	4.03	4.52	4.76	4.14

注:"L-D_L5"和"H-D_L5"分别代表:TAN 19 mmol/L 下 ^{13}C 标记实验培养 5 d 后,累计产甲烷量达到 75%时的轻 DNA 组分和重 DNA 组分;L-D_H9 和 H-D_H9 分别代表:TAN 500 mmol/L 下 ^{13}C 标记实验培养 9 d 后,累计产甲烷量达到 50%时的轻 DNA 组分和重 DNA 组分。

2. 古菌域(Domain Archaea)

各 DNA 样品中,古菌的基因型在纲、目和属分类水平的分布见表 6-4。

表 6-4　古菌的基因型在纲、目和属分类水平的分布

古菌的系统发育分类 (纲,目,属)	相对丰度			
	19 mmol-N/L		500 mmol-N/L	
	H-D_L5	L-D_L5	H-D_H9	L-D_H9
泉古菌门 *Crenarchaeota*	—	—	—	—
杂色泉古菌纲 *Miscellaneous_crenarchaeotic*_group	1.52%	9.81%	1.12%	16.50%
*crenarchaeotic*_group	ND	0.05%	ND	0.17%
unclassified *Miscellaneous*	1.52%	9.76%	1.12%	16.33%

古菌的系统发育分类 （纲，目，属）	相对丰度			
	19 mmol - N/L		500 mmol - N/L	
	H - D_L5	L - D_L5	H - D_H9	L - D_H9
广古菌门 *Euryarchaeota*	—	—	—	—
未分类的甲烷杆菌纲 unclassified *Methanobacteria*	0.09%	0.05%	ND	0.38%
甲烷杆菌目 *Methanobacteriales*	1.75%	7.07%	0.66%	19.68%
甲烷杆菌属 *Methanobacterium*	0.32%	4.58%	0.19%	9.47%
甲烷热杆菌属 *Methanothermobacter*	1.43%	1.29%	0.42%	7.00%
非培养的甲烷杆菌目 Uncultured *Methanobacteriales*	ND	1.20%	0.05%	3.20%
甲烷八叠球菌目 *Methanosarcinales*	96.29%	82.97%	97.86%	63.28%
甲烷鬃毛菌属 *Methanosaeta*	10.08%	64.09%	2.65%	51.36%
甲烷八叠球菌属 *Methanosarcina*	86.21%	17.88%	94.20%	11.80%
甲烷微菌目 *Methanomicrobiales*	ND	ND	ND	0.05%
甲烷绳菌属 *Methanolinea*	ND	ND	ND	0.05%
未分类的甲烷微菌目 unclassified *Methanomicrobiales*	ND	ND	0.02%	0.02%
未识别的甲烷微菌纲 unclassified *Methanomicrobia*	0.23%	ND	0.36%	ND
热源体目 *Thermoplasmatales*	0.12%	ND	ND	0.17%
Terrestrial _ miscellaneous _ gp（tmeg）	0.12%	0.10%	ND	0.17%
序列总数	3 415	2 004	5 883	4 174

重 DNA 组分的古菌基因文库中，数量最多的为甲烷八叠球菌属 *Methanosarcina*，其序列数目分别在 H - D_L5 和 H - D_H9 文库中占序列总数的 86% 和 95%；甲烷鬃毛菌属 *Methanosaeta* 的丰度居于第二

位,分别占序列总数的 10％和 3％。而在轻 DNA 基因文库中,甲烷鬃毛菌属 *Methanosaeta* 的丰度最高。甲烷杆菌目的成员,如甲烷杆菌属 *Methanobacterium* 和甲烷热杆菌属 *Methanothermobacter*,仅在轻 DNA 基因文库中少量存在;同样,甲烷微菌目 *Methanomicrobiales* 仅在 L－D_H9 文库中被少量检出(0.05％)。由此可见,甲烷八叠球菌属为乙酸快速降解阶段的优势菌群,且具有较高的氨胁迫耐受性;甲烷鬃毛菌属在原微生物体系内具有极高的丰度,但在高浓度乙酸的降解过程中并不活跃;氢营养型产甲烷菌,包括甲烷杆菌目和甲烷微菌目,未在乙酸的厌氧转化中起到显著作用。

隶属于泉古菌门 *Crenarchaeota* 的序列分别占轻 DNA 基因文库的 9.8％～16.5％和重 DNA 基因文库的 1.2％～1.5％。有文献报道,泉古菌门的一些成员具有氧化氨的功能[205]。然而,在本实验的整个培养过程中,未观测到 TAN 的显著下降。因此,泉古菌在此厌氧消化体系中的功能尚不明确。

3. 细菌域(Domain Bacteria)

由表 6－5 可知,在整个微生物群落结构中,无论是低氨浓度还是高氨浓度下,梭菌纲 *Clostridia* 均占据了绝对优势,其序列数占总序列的 51％～79％;在属于梭菌纲的序列中,Opb54 是重 DNA 基因文库中丰度最高的细菌类群,在低氨浓度和高氨浓度培养下分别占 40％和 18％;另一个主要分布在重 DNA 中的细菌种群为 *Caldicoprobacter* 属,约占对应文库总序列数的 9％;而低丰度的变形菌门 *Proteobacteria* 则仅存在于重 DNA 的基因文库中。上述细菌种群在高氨浓度和低氨浓度反应器中获得的重 DNA 基因文库中均有存在,表明这些细菌种群可能参与了[13]C 的代谢,但对氨胁迫不敏感。

分别占总序列数 8％和 0.5％～1.5％的 *Tepidimicrobium* 属和 *Thermacetogenium* 属的细菌种群,大部分存在于高氨浓度反应器的重

表 6-5　细菌的基因型在纲、目和属分类水平的分布

细菌的系统发育分类 （门，纲，属）	相对丰度			
	19 mmol－N/L		500 mmol－N/L	
	H－D_L5	L－D_L5	H－D_H9	L－D_H9
放线菌门 Actinobacteria	0.23%	0.44%	0.65%	0.36%
拟杆菌门 Bacteroidetes	0.98%	2.54%	1.18%	2.91%
OP9 类群 Candidate_division_op9	0.24%	0.96%	1.50%	0.87%
绿菌门 Chlorobi	3.04%	2.03%	0.04%	ND
绿弯菌门 Chloroflexi	0.28%	0.80%	0.61%	1.53%
蓝藻门 Cyanobacteria	ND	0.02%	0.45%	ND
厚壁菌门 Firmicutes	78.74%	51.02%	62.60%	54.56%
梭菌纲 Clostridia	78.55%	50.62%	62.60%	54.76%
其他梭菌纲细菌 Other Clostridia	9.87%	8.76%	7.63%	6.76%
Anaerobranca	7.83%	31.07%	17.53%	36.73%
Caldicoprobacter	8.74%	0.42%	9.21%	0.29%
Clostridium	0.04%	0.11%	ND	0.07%
D8a-2	1.78%	1.33%	0.28%	0.51%
Uncultured_ thermoanaerobacteriaceae_ bacterium	1.78%	1.33%	0.28%	0.51%
Lutispora	8.96%	1.82%	0.04%	0.36%
Opb54	40.43%	6.57%	18.13%	8.36%
Tepidimicrobium	0.15%	0.17%	8.24%	1.24%
Clostridium_sp._pml14	0.06%	0.12%	0.12%	0.58%
Tepidimicrobium_ferriphilum	0.03%	0.05%	1.34%	0.07%
Uncultured_bacterium	0.07%	ND	6.77%	0.58%
Thermacetogenium	0.78%	0.45%	1.54%	0.51%
Thermoanaerobacterium	ND	0.02%	ND	ND

细菌的系统发育分类 （门，纲，属）	相对丰度			
	19 mmol－N/L		500 mmol－N/L	
	H－D_L5	L－D_L5	H－D_H9	L－D_H9
硝化螺旋菌门 *Nitrospirae*	0.57％	1.01％	ND	ND
变形菌门 *Proteobacteria*	1.93％	0.34％	1.26％	0.29％
螺旋体门 *Spirochaetes*	0.26％	0.95％	1.01％	1.67％
互养菌门 *Synergistetes*	1.47％	7.37％	3.45％	6.33％
Anaerobaculum	0.63％	4.38％	0.73％	1.24％
*Anaerobaculum_* *hydrogeniformans_* atcc_baa － 1850	0.63％	4.24％	0.65％	1.24％
Uncultured_bacterium	0.01％	0.14％	0.08％	ND
软壁菌门 *Tenericutes*	3.22％	1.93％	0.45％	3.93％
热袍菌门 *Thermotogae*	0.31％	0.85％	1.38％	2.04％
Thermotogae	0.31％	0.85％	1.38％	2.04％
其他细菌 Other Bacteria	8.73％	29.76％	24.88％	24.51％
序列总数	34 117	12 714	2 429	1 349

DNA 基因文库中，表明这些细菌在氨胁迫下具有对乙酸的竞争优势；而被归类为 *Lutispora* 属的细菌种群，则大部分存在于低氨浓度反应器的重 DNA 基因文库，表明其代谢活力易受氨胁迫的影响；*Anaerobranca*属的细菌种群则在轻 DNA 基因文库中丰度最高，该细菌种群可能与污泥的内源呼吸有关。

6.3.6　古菌和细菌的 ARISA 指纹图谱

采用 PCR － ARISA 方法，对不同培养阶段采集的样品 DNA（包括分级和未分级的），进行了古菌和细菌的 ARISA 图谱分析（图 6 － 7）。

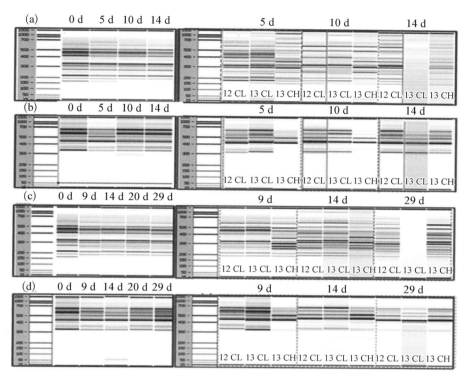

(a, b, c, d) N0.26,(e, f, g, h) N7;(12CL) 轻 DNA 组分,(13CL) 重 DNA 组分

图 6‑7　DNA‑SIP 实验各反应器的细菌和古菌 ARISA 图谱

首先,分析已分级的 DNA 的图谱。对于古菌,在重 DNA(H‑D_H9 和 H‑D_L5)的图谱中仅存在 440‑bp 和 500‑bp 长度的两个片段,这两个片段可能代表了乙酸营养型的甲烷八叠球菌属 *Methanosarcina* 和甲烷鬃毛菌属 *Methanoseata*。而轻 DNA(L‑D_H9 和 L‑D_L5)的古菌 ARISA 图谱则展示了更高的丰富度,除了上述片段外,还包括了 330‑bp、560‑bp、585‑bp、600‑bp 和 650‑bp 长度的片段。这些片段可能代表氢营养型产甲烷菌(包括甲烷杆菌目 *Methanobacteriales* 和甲烷微球菌目 *Methanomicrobiales*)或者泉古菌门 *Crenarchaeota* 的微生物种群。对于细菌,250‑bp、300‑bp 和 360‑bp 长度的片段仅存在于重 DNA 的图谱中,因此可能代表了耐氨

胁迫的细菌种群。

图 6-7 还展示了不同氨浓度下,活跃和惰性微生物种群结构随时间的变化特征。在代表活跃微生物的重 DNA 古菌图谱中,低氨浓度和高氨浓度下培养的早期阶段,440-bp 和 510-bp 长度的片段颜色最深。而到培养晚期,其他片段(如 330-bp、560-bp 和 650-bp 长度的片段)开始出现,表明在底物充分和限制状态时,代谢活跃的产甲烷菌种群发生了变化。由此推测,在培养初期,乙酸营养型产甲烷菌为优势种群;随着乙酸逐渐被消耗,微生物生存的环境发生改变,其他类型的产甲烷菌,如氢营养型产甲烷菌,亦开始参与 ^{13}C 的同化过程。活跃产甲烷菌种群结构的变化,也在未分级 DNA 的 ARISA 图谱中得到展现。在低氨浓度环境中,这种变化更为显著。

在整个培养过程中,细菌种群结构的变化并不显著。但是,通过比较不同时期重 DNA 组分的 ARISA 图谱,仍可以看出,250-bp、300-bp 和 360-bp 长度的片段为早期图谱的优势片段,这些片段几乎未在轻 DNA 图谱中出现;随着培养时间的延长,其他长度的片段也开始出现于重 DNA 细菌图谱中。此种变化表明,一些细菌种群也参与了乙酸中碳的代谢,且在不同培养阶段,活跃的细菌种群的丰度和种类发生了变化。

6.3.7 微生物种群的荧光原位杂交分析

基于 16S rRNA 分析的 FISH 技术,可实现对特定环境中活性微生物的原位观测,不仅可以提供目标微生物种群的存在形态和空间分布状况信息,还可以通过荧光强度分析其种群丰度。图 6-8 展示了不同氨浓度下功能微生物的 FISH 观测结果。

可见,在不同氨浓度反应器的快速产甲烷阶段,污泥中均出现了大量甲烷八叠球菌 *Methanosarcina* sp.,呈形状不规则的多细胞聚集体形态,直径约 10～100 μm,或黏附于污泥碎片之间,或形成较小的聚集体

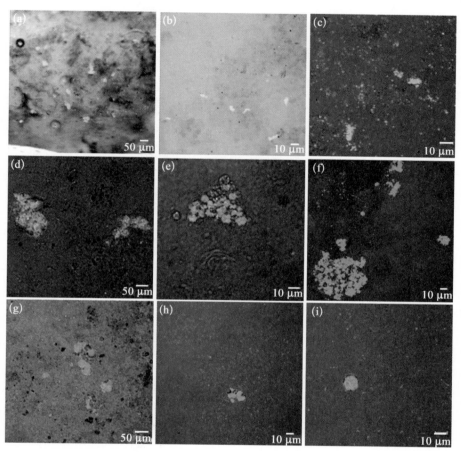

(a, e, h) TAN 19 mmol/L 培养 5 d 后*,(c) TAN 19 mmol/L 培养 14 d 后,(b, f, i) TAN
500 mmol/L 培养 14 d 后,(d) TAN 500 mmol/L 培养 27 d 后,(g) 接种污泥;(a-g) 固相,(h-i)
液相
(a-d) Ms1414＋helper-Cy5(蓝色)和 Arc915-FITC(绿色),(e, f, h, i) Arc915-FITC(绿
色)和 Eub338 mix-Cy5(蓝色),(g) Eub338 mix-Cy5(蓝色)和 Arc915-Cy3(红色)

图 6-8　功能微生物种群的 FISH 观测结果

悬浮于液体中。且甲烷八叠球菌的信号明亮,说明其处于代谢活跃
状态。

　　对于其他产甲烷菌种群,包括甲烷鬃毛菌和氢营养型的甲烷杆菌和
甲烷微菌,则仅在快速产甲烷期检测到微弱信号(图片未显示),随后即

消失。焦磷酸通量测序及序列分析结果显示,甲烷杆菌目和甲烷微菌目仅以较低的丰度存在。上述结果表明,氢营养型产甲烷菌处于低活力状态或者其丰度过低,因此,难以在 FISH 实验捕获其信号。采用 EUB338 - mix 探针检测细菌的存在,发现在接种物中存在球形和短杆状的细菌细胞,其长度从 < 1 μm 到几 μm 不等;而在培养过程中,仅在液相中发现了细菌信号,且高氨浓度下仅存在球形产甲烷菌。FISH 检测结果进一步说明,一些细菌种群也参与了乙酸的降解过程。

以上分析结果均说明,甲烷八叠球菌 *Methanosarcina* sp. 为高乙酸浓度下的优势微生物种群。与其他嗜乙酸微生物相比,该产甲烷菌类群具有较高的竞争优势,且对氨胁迫具有一定的耐受力。

6.3.8 甲烷八叠球菌聚集式生长对氨胁迫的抵抗

通常认为,当 TAN 超过 214～286 mmol/L 时,乙酸营养型的甲烷鬃毛菌 *Methanoseata* sp. 和甲烷八叠球菌 *Methanosarcina* sp. 对氨抑制变得敏感[22, 117]。但是,也有文献报道了乙酸营养型产甲烷菌在高氨浓度下具有较强的胁迫耐受性。Fotidis 等人[120] 发现,当采用 FAN 36 mmol/L 下长期驯化的污泥作为接种物时,高温厌氧消化反应器在 TAN 达到 500 mmol/L(pH 7.3,FAN＝31 mmol/L)时仍能稳定运行,且甲烷八叠球菌 *Methanosarcina* sp. 为优势微生物种群。在中温 UASB 反应器内,产甲烷菌可耐受 429 mmol/L TAN(pH 8.1,FAN＝54 mmol/L)的氨胁迫,且产甲烷主导途径为乙酸发酵型,而其接种物来自背景氨浓度较高的垃圾填埋场渗滤液[118]。Westerholm 等人[77] 也发现,在 TAN 高达 557 mmol/L(pH 7.8)的中温厌氧消化反应器内,*Methanosarcina* sp. 通过乙酸发酵型途径产生甲烷。

本实验的研究结果则显示,当突然暴露在 TAN 为 500 mmol/L(pH 6.5～7.6)的环境中时,*Methanosarcina* sp. 显示了一定的氨胁迫耐受力。在极不稳定的胁迫环境中,*Methanosarcina* sp. 通过乙酸发酵型甲烷化途径降解乙酸,其最大产甲烷活力达到 $0.099 \sim 0.104$ mol/(mol-acetate · d)。

为探讨甲烷八叠球菌氨胁迫耐受力的形成机理,分析了不同氨浓度下功能微生物的形态。发现在较高的乙酸浓度和氨浓度下,优势种群 *Methanosarcina* sp. 呈现多细胞聚集体形态,其直径约 $10 \sim 80$ μm。有研究报道,*Methanosarcina* sp. 可通过细胞聚集来抵抗高盐度等环境压力[206, 207],由此推测,其氨胁迫耐受性亦可能来自多细胞聚集式生长。本研究中的功能产甲烷菌在系统发育学上与嗜热甲烷八叠球菌 *Methanosarcina thermophila* 最为接近。*Methanosarcina thermophila* 的单细胞呈直径 1 μm 左右的球形,可形成大型细胞聚集体,其直径可超过 100 μm。本研究中观察到的最小聚集体的直径为 10 μm,其中已包含了上百个单细胞。球形单细胞形态和多细胞聚集体的形成,可减小细胞与外界环境接触的表面积[7],降低氨在单细胞中的扩散速率,而在细胞多聚体内部可能形成局部低氨浓度区域。因此,可在短期内削弱环境剧烈变化对细胞的影响,*Methanosarcina* sp. 由此可获得一定的氨胁迫耐受力。

在特定生长环境下,甲烷八叠球菌细胞能够合成和分泌异多聚糖,以形成胞外聚集物(或称为细胞外黏合层),促使细胞聚集并起到保护作用[128, 206]。异多聚糖的合成需要消耗碳基质,其耗碳量达到细胞内总碳量的 12%,同时也需要消耗能量[128]。因此,多细胞聚集式生长的 *Methanosarcina* sp. 可能以牺牲细胞的生长速率为代价,来抵抗环境胁迫,保护单细胞免受高浓度毒性物质的抑制。

在低氨浓度培养实验中,还观察到多细胞聚集体的解聚现象。其影响因素可能包括:高浓度乙酸消耗过程中某些营养物质(如微量元素)的匮乏;某些产物的累积或者能量供应不足等[207]。而在高氨浓度下,甲烷八叠球菌则始终以多聚体形式存在。

6.4　小　　结

（1）采用 DNA-SIP 和焦磷酸测序技术联用，结合 ARISA、FISH 和天然稳定碳同位素指纹识别技术，研究了 TAN 分别为 19 mmol/L 和 500 mmol/L 时，100 mmol/L 乙酸的高温厌氧甲烷化过程。发现在较高的乙酸浓度下，甲烷八叠球菌通过乙酸发酵型甲烷化途径转化乙酸，为各反应器中的优势微生物种群。一些梭菌纲细菌也参与了乙酸中碳的转化过程。

（2）在突然暴露于 TAN 500 mmol/L 的环境时，甲烷八叠球菌仍具有较强的产甲烷活力，表明其对氨胁迫具有一定的耐受性。FISH 结果显示，甲烷八叠球菌形成 $10\sim80\ \mu m$ 的多细胞聚集体，其对环境胁迫的耐受性可能与多细胞聚集体的生长形态相关。

（3）当乙酸浓度成为限制因素（<1 mmol/L）时，TAN 19 mmol/L 下的产甲烷主导途径由乙酸发酵型转向氢营养型，多细胞聚集体解聚并释放出单细胞。表明低乙酸浓度时，甲烷八叠球菌失去对乙酸的竞争优势，氢营养型产甲烷菌逐渐成为优势种群。

（4）在厌氧系统内应用 DNA-SIP 与焦磷酸测序技术，可识别胁迫状态下的嗜乙酸产甲烷功能微生物种群。在应用 DNA-SIP 技术时，应于底物不受限时采集微生物样品。以避免底物浓度过低时，微生物间显著的交互营养现象对判断功能微生物种群形成干扰。

第7章
驯化对氨胁迫下厌氧产甲烷微生态的影响

7.1　概　　述

根据已有的研究结论,产甲烷微生态对氨胁迫的响应可归结为两种模式:第一种为微生态结构的重建,表现为优势微生物种群的演替和主导代谢途径的转变(见本书第5章结论);第二种则是源于多细胞聚集式生长的甲烷八叠球菌呈现出较高的胁迫耐受力,微生态结构未发生剧烈变动(见本书第6章结论)。但亦有研究发现,多营养型的甲烷八叠球菌,可能通过其改变代谢途径以适应新的生境[120, 129]。由此可见,产甲烷微生物菌群对氨胁迫的响应可能呈现多态性。

上述分析均提示,可望通过富集新生菌群或加速优势菌群功能形态的转变而促进氨抑制的解除。大量研究证明,驯化可提高微生物对不利生境的适应性,驯化后的产甲烷菌群可对氨胁迫产生更强的耐受力[8, 28, 115]。因此,驯化有望成为解除胁迫、加速甲烷化中心建立和提高工艺稳定性的有效方法。然而,驯化对氨胁迫下甲烷化中心建立的促进效果,及其对产甲烷微生态的影响机理目前尚不清楚,究竟是促进新生菌群的富集,还是加速优势菌群自身功能形态的转变[120],尚无定论;

另外,关键生态因子如何影响驯化过程的信息亦鲜见报道。过程机理和影响因素的不明确,限制了驯化方法的应用和优化策略的发展。探索通过驯化解除甲烷化氨胁迫的效果,深入了解驯化改变产甲烷微生态的过程机理和影响因素,对于解决厌氧消化中的氨抑制问题具有重要意义。

根据第 5 章的研究结论,获知了厌氧产甲烷微生态对氨浓度的响应规律。本章的研究选择临界氨浓度(即主导产甲烷途径发生分化时的 TAN 浓度),分别对中温污泥 MCS 和高温污泥 TCS 进行驯化培养,借以获得驯化的产甲烷微生态;之后,将驯化和未驯化的污泥分别在低氨浓度和临界氨浓度下培养;通过比较乙酸厌氧甲烷化过程的差异,分析驯化对氨胁迫下甲烷化中心建立过程的影响;为深入了解驯化和未驯化微生态对氨胁迫的响应机制,采用天然稳定碳同位素指纹识别和人工稳定碳同位素标记技术监测甲烷产生途径;综合运用 FISH 和 qPCR 技术,从功能微生物种群识别、种群丰度和形态学变化,多角度分析驯化和未驯化的微生态对氨胁迫的响应行为。通过多技术的联用,建立基于代谢物流、代谢途径和功能微生物种群多角度综合表征产甲烷微生态的研究方法。

7.2　实验材料与方法

7.2.1　接种污泥的驯化预培养

根据厌氧系统中产甲烷微生态对氨浓度的响应规律,本论文提出了"临界氨浓度"的概念,即:在该氨浓度的胁迫下,产甲烷微生态处于不稳定状态,其种群结构和功能具有向不同方向发展的可能。根据本书第 5 章的研究结论,500 mmol/L 和 357 mmol/L 的 TAN 浓度分别为高温和中温环境下的临界氨浓度。为研究驯化对氨胁迫下产甲烷微生态的影响,采用临界氨浓度作为本章预培养以及后续批式实验中形成氨胁迫的"高氨浓度",以期观测到微生态的结构和功能因氨胁迫而发生变化演替的过程。

为获得驯化和未驯化的微生态,将高温污泥 TCS 和中温污泥 MCS(见本书 2.1.1 章节),分别于 55℃ 和 35℃,在低氨浓度(TAN 10 mmol/L)和临界氨浓度(高温时 TAN 500 mmol/L 和中温时 TAN 357 mmol/L)下进行预培养。初始乙酸浓度为 80 mmol/L,初始 pH 为 6.8。培养 32 d 后,各反应器的产甲烷过程均已进入稳定期,此时将污泥取出作为后续实验的接种物。其中,中温反应器内,于 TAN 10 mmol/L 下预培养的污泥称为 NAMS(Non-acclimatized Mesophilic Sludge),作为未驯化的中温微生态;于 TAN 357 mmol/L 下预培养的污泥称为 AMS(Acclimatized Mesophilic Sludge),作为驯化的中温微生态;高温反应器内,于 TAN 10 mmol/L 下预培养的污泥称为 NATS(Non-acclimatized Thermophilic Sludge),作为未驯化的高温微生态;于 TAN 500 mmol/L 下预培养的污泥称为 ATS(Acclimatized Thermophilic Sludge),作为驯化的高温微生态。

7.2.2　反应器设置

本实验采用总容积为 330 mL 的玻璃瓶(Fisher Scientific Laboratory)作为反应容器。反应体系采用 BMP 培养基,加入 $NaHCO_3$(140 mmol/L)和 K_2CO_3(20 mmol/L)作为 pH 缓冲剂。另取适量污泥(NATS、ATS、NAMS 和 AMS)作为接种物,接种浓度为 4 g-VS/L。最后,注入 10 mL 浓缩乙酸溶液,使体系中初始乙酸浓度为 110 mmol/L。每组设置 5 个反应器,以实现天然同位素识别和人工同位素标记技术的同步应用。按照实验目的不同,反应器(1,2)采用未标记的 CH_3COOH(99.8%,Aldrich)作为底物;反应器(3)和(4)分别采用 $[2\text{-}^{13}C]CH_3COOH$(99%,Sigma)和 $[1,2\text{-}^{13}C]CH_3COOH$

(99%,Sigma)作为底物;反应器(5)采用标记和未标记的 $NaHCO_3$ 混合物作为缓冲体系,其中,$[^{13}C]NaHCO_3$(98%,Isotec)的含量为 50%。反应器(1,2)中添加未标记的 NH_4Cl(99%,Labosi),其他反应器中则均采用 $[^{15}N]NH_4Cl$(99%,Sigma)进行氨浓度的调节。反应器设置见表 7-1。

反应器安装完毕后,采用气体置换装置将反应器内的空气抽出,并充入足量 N_2(初始相对压力约 50 kPa),使氧气浓度低于 0.3%。然后,将各反应器分别放入 35℃±2℃ 和 55℃±2℃ 的恒温箱中静置培养。

7.2.3　测试指标与方法

1. 气相

参考 5.2.3.1 节。

2. 液相

参考 5.2.3.2 节。

3. 固相

参考 2.2.3 节。

4. DNA 提取

参考 2.4.1 节。

5. qPCR

参考 2.4.3 节。

6. FISH

参考 2.4.4 节。

7. 数据分析与计算方法

参考本书 2.5 节。

表 7 - 1　驯化影响实验的反应器设置

反应器名称	接种污泥	基 质	缓 冲 溶 液	氨浓度（TAN） /(mmol·L⁻¹)	氨浓度（TAN） /(g·L⁻¹)
ATS - No. 14(1, 2)	驯化高温污泥 ATS	CH_3COOH	$NaHCO_3 + K_2CO_3$	10	0.14
ATS - No. 14(3)	驯化高温污泥 ATS	$[2-^{13}C]CH_3COOH$	$NaHCO_3 + K_2CO_3$		
ATS - No. 14(4)	驯化高温污泥 ATS	$[1,2-^{13}C]CH_3COOH$	$NaHCO_3 + K_2CO_3$		
ATS - No. 14(5)	驯化高温污泥 ATS	CH_3COOH	$[^{13}C]NaHCO_3(50\%) + K_2CO_3$		
ATS - N7(1, 2)	驯化高温污泥 ATS	CH_3COOH	$NaHCO_3 + K_2CO_3$	500	7.0
ATS - N7(3)	驯化高温污泥 ATS	$[2-^{13}C]CH_3COOH$	$NaHCO_3 + K_2CO_3$		
ATS - N7(4)	驯化高温污泥 ATS	$[1,2-^{13}C]CH_3COOH$	$NaHCO_3 + K_2CO_3$		
ATS - N7(5)	驯化高温污泥 ATS	CH_3COOH	$[^{13}C]NaHCO_3(50\%) + K_2CO_3$		
NATS - No. 14(1, 2)	未驯化高温污泥 NATS	CH_3COOH	$NaHCO_3 + K_2CO_3$	10	0.14
NATS - No. 14(3)	未驯化高温污泥 NATS	$[2-^{13}C]CH_3COOH$	$NaHCO_3 + K_2CO_3$		
NATS - No. 14(4)	未驯化高温污泥 NATS	$[1,2-^{13}C]CH_3COOH$	$NaHCO_3 + K_2CO_3$		
NATS - No. 14(5)	未驯化高温污泥 NATS	CH_3COOH	$[^{13}C]NaHCO_3(50\%) + K_2CO_3$		
NATS - N7(1, 2)	未驯化高温污泥 NATS	CH_3COOH	$NaHCO_3 + K_2CO_3$	500	7.0
NATS - N7(3)	未驯化高温污泥 NATS	$[2-^{13}C]CH_3COOH$	$NaHCO_3 + K_2CO_3$		
NATS - N7(4)	未驯化高温污泥 NATS	$[1,2-^{13}C]CH_3COOH$	$NaHCO_3 + K_2CO_3$		
NATS - N7(5)	未驯化高温污泥 NATS	CH_3COOH	$[^{13}C]NaHCO_3(50\%) + K_2CO_3$		

续 表

反应器名称	接种污泥	基 质	缓 冲 溶 液	氨浓度(TAN) /(mmol·L⁻¹)	/(g·L⁻¹)
AMS-No.14(1, 2)	中温驯化颗粒污泥	CH_3COOH	$NaHCO_3 + K_2CO_3$	10	0.14
AMS-No.14(3)		$[2-^{13}C]CH_3COOH$			
AMS-No.14(4)		$[1, 2-^{13}C]CH_3COOH$			
AMS-No.14(9)	AMS	CH_3COOH	$[^{13}C]NaHCO_3(50\%) + K_2CO_3$		
AMS-N5(1, 2)	驯化中温颗粒污泥	CH_3COOH	$NaHCO_3 + K_2CO_3$	357	5.0
AMS-N5(3)		$[2-^{13}C]CH_3COOH$			
AMS-N5(4)		$[1, 2-^{13}C]CH_3COOH$			
AMS-N5(9)	AMS	CH_3COOH	$[^{13}C]NaHCO_3(50\%) + K_2CO_3$		
NAMS-No.14(1, 2)	未驯化中温颗粒污泥	CH_3COOH	$NaHCO_3 + K_2CO_3$	10	0.14
NAMS-No.14(3)		$[2-^{13}C]CH_3COOH$			
NAMS-No.14(4)		$[1, 2-^{13}C]CH_3COOH$			
NAMS-No.14(9)	NAMS	CH_3COOH	$[^{13}C]NaHCO_3(50\%) + K_2CO_3$		
NAMS-N5(1, 2)	未驯化中温颗粒污泥	CH_3COOH	$NaHCO_3 + K_2CO_3$	357	5.0
NAMS-N5(3)		$[2-^{13}C]CH_3COOH$			
NAMS-N5(4)		$[1, 2-^{13}C]CH_3COOH$			
NAMS-N5(9)	NAMS	CH_3COOH	$[^{13}C]NaHCO_3(50\%) + K_2CO_3$		

7.3　结　果　与　讨　论

7.3.1　污泥预培养时的产甲烷过程

图 7-1 显示了预培养过程中,不同氨浓度下各反应器内累积甲烷含量的变化。可见,在氨胁迫下,TCS 和 MCS 的产甲烷活力均被部分抑制,但产甲烷过程未出现显著的迟滞。通过测试产甲烷过程中期(CH$_4$产生量约 50%)和末期(CH$_4$产生量约 100%)气相中的稳定同位素含量,并计算同位素分馏效应因子,发现:在低氨浓度下,高温和中温反应器内的 α_c 分别为 1.028~1.041 和 1.033~1.036;在高氨浓度下,则分别为 1.044~1.050 和 1.036~1.041。可见,在预培养过程中,各反应器内的甲烷均主要通过乙酸发酵型途径产生。

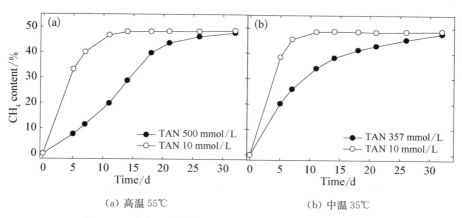

（a）高温 55℃　　　　　　　　（b）中温 35℃

图 7-1　污泥预培养时各反应器气相中的累计甲烷含量

7.3.2　乙酸的厌氧甲烷化过程

如图 7-2 所示,在高温环境下,TAN 为 10 mmol/L 的 ATS 和

NATS 反应器内,乙酸均被快速转化为甲烷,未出现显著的迟滞。TAN 为 500 mmol/L 时,ATS_N7 反应器的产甲烷过程为:产甲烷迟滞期—缓慢产甲烷期—活跃产甲烷期—稳定期,其比产甲烷速率(μ_{CH_4})随时间的变化为"单峰"模式;而 NATS_N7 反应器的产甲烷过程则具有明显差异,可描述为:缓慢产甲烷期—前活跃产甲烷期—中间抑制期—后活跃产甲烷期—稳定期,其 μ_{CH_4} 随时间的变化呈现出"双峰"模式。

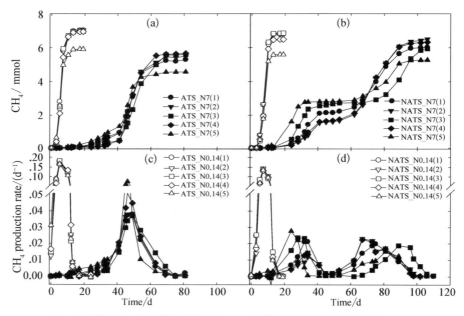

(a,c)污泥 ATS,驯化的高温微生态(b,d)污泥 NATS,未驯化的高温微生态

图 7-2　各高温反应器的累计产甲烷量和比产甲烷速率

注:反应器编号含义:(1,2)采用未标记的 CH_3COOH 作为底物;(3)和(4)分别采用[$2-^{13}C$]CH_3COOH 和[$1,2-^{13}C$]CH_3COOH 作为底物;(5)采用 50% 的[^{13}C]$NaHCO_3$ 作为缓冲体系。

氨胁迫下,NATS_N7 反应器中,μ_{CH_4} 在两个活跃产甲烷期的峰值分别为 0.021~0.028 d^{-1} 和 0.015~0.023 d^{-1},均小于 ATS_N7 反应器的 0.037~0.074 d^{-1}。无氨胁迫时,NATS_N0.14 和 ATS_N0.14 反应器中,μ_{CH_4} 的最大值则分别为 0.132~0.144 d^{-1} 和 0.164~0.182 d^{-1}。可

见,氨对产甲烷微生态的胁迫使其活力迅速降低。

　　TAN 为 500 mmol/L 时,5 个平行反应器中,活跃产甲烷期的出现呈现出一定的时间差异性,表明各反应器内的甲烷化功能微生物在不同时间先后被激活。这种差异在 NATS_N7 中表现得尤为显著。

　　在中温反应器内,乙酸的甲烷化化过程与高温下相似。TAN 为 357 mmol/L 时,AMS_N5 和 NAMS_N5 反应器中,μ_{CH_4} 随时间的变化分别呈现"单峰"和"双峰"模式(图 7-3)。AMS_N5 的产甲烷过程为:缓慢产甲烷期—迟滞期—活跃产甲烷期—稳定期,μ_{CH_4} 最大值为 $0.030 \sim 0.058 \text{ d}^{-1}$;而 NAMS_N5 反应器则在起始阶段即进入前活跃产甲烷期,μ_{CH_4} 最大值为 $0.033 \sim 0.045 \text{ d}^{-1}$。

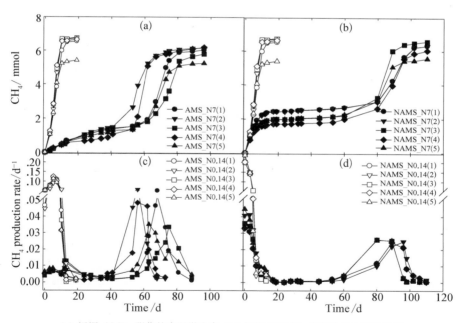

(a) 污泥 AMS,驯化的中温微生态;(b) 污泥 NAMS,未驯化的中温微生态

图 7-3　各中温反应器的累计产甲烷量和比产甲烷速率

注:反应器编号含义:(1,2)采用未标记的 CH_3COOH 作为底物;(3)和(4)分别采用[2-^{13}C]CH_3COOH 和[1,2-^{13}C]CH_3COOH 作为底物;(5)采用 50% 的[^{13}C]$NaHCO_3$ 作为缓冲体系。

TAN 为 10 mmol/L 时,NAMS 反应器中,μ_{CH_4} 的最大值为 0.201～0.239 d^{-1},高于 AMS 反应器的 0.091～0.125 d^{-1}。

与高温微生态相比,在起始阶段,中温微生态具有更强的产甲烷活力,这种差异可能是由氨浓度、温度和微生物种群结构等的不同所导致。

比较驯化和未驯化微生态的产甲烷过程,可见,临界氨浓度下的预培养过程削弱了 ATS 和 AMS 中产甲烷菌的活力。将驯化后的 ATS 和 AMS 置入低浓度氨中,产甲烷菌的活力可迅速恢复;而若将其再次暴露于高浓度氨中,其活力则继续降低,经过一段时间(≤40 d)的驯化后,甲烷化活力又可重新恢复。

而未经驯化的 NATS 和 NAMS 暴露于高浓度氨中时,在起始阶段呈现了较高的产甲烷活力;但随着暴露时间的延长,其产甲烷活力逐渐消失;在经历了较长的迟滞期(10～40 d)后,其产甲烷活力再次恢复。

可见,驯化过程削弱了微生态的代谢活力,但也加速了胁迫状态下代谢功能的恢复进程。

图 7-4 显示了高温和中温反应器内乙酸浓度的变化。各反应器中,乙酸的降解与甲烷的产生过程一一对应。但是,对处于胁迫状态的 ATS_N7 和 AMS_N5 反应器而言,活跃产甲烷期到来之前,乙酸的消耗速率略大于甲烷的产生速率。在 NATS_N7 和 NAMS_N5 反应器的后活跃产甲烷期也存在类似的现象。

7.3.3　液相性质的变化

各反应器内液相的 pH 随着乙酸的降解而逐渐升高。为防止 pH 过高对产甲烷菌产生抑制,采用 1 mol/L 的 HCl 溶液对 pH 进行控制,使其不超过 8.3。如 5.3.2.2 节所述,pH 还受到温度和各种弱酸弱碱的影响。为还原反应器液相环境的实际酸碱状态,根据室温下的实测值和 pH 随温度的变化规律,对其进行了修正。如图 7-5 和图 7-6 所示,

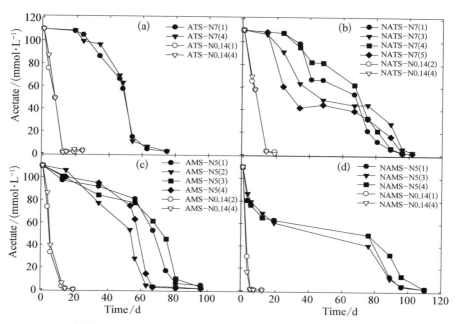

(a) 污泥 ATS，驯化的高温微生态；(b) 污泥 NATS，未驯化的高温微生态；
(c) 污泥 AMS，驯化的中温微生态；(d) 污泥 NAMS，未驯化的中温微生态

图 7 - 4　各中、高温反应器内的乙酸浓度

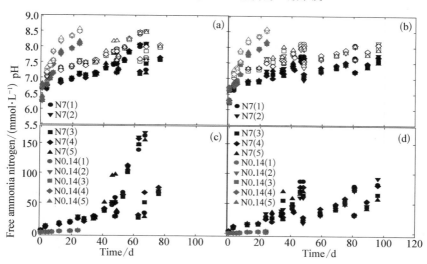

（a，c）污泥 ATS，(b，d) 污泥 NATS；(空心点) 实测值，(实心点) 修正值

图 7 - 5　各高温反应器的 pH 和游离氨态氮浓度(FAN)[*]

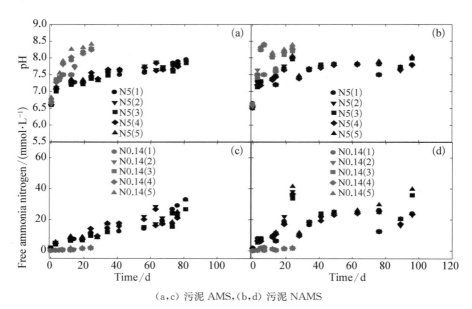

（a,c）污泥 AMS,（b,d）污泥 NAMS

图 7-6 各中温反应器的 pH 和游离氨态氮浓度（FAN）*

注：* 图中所示 pH 为实测值（空心点）和参照本书 5.3.2.2 节修正后的值（实心点）。FAN 的值根据修正后的 pH 由式（2-5）计算得到。

各反应器内液相的 pH 随着乙酸的降解和主动调节而快速波动。

根据式（2-5），采用修正后的 pH 对 FAN 进行估算（见本书 2.5.2 节），结果见图 7-5(c),(d)和图 7-6(c),(d)。可见，在乙酸被逐渐消耗的过程中，FAN 随着 pH 的升高而增加。

在以未驯化污泥接种的 NATS_N7 和 NAMS_N5 反应器中，前活跃产甲烷期内，FAN 随乙酸浓度的降低而上升；当 FAN 分别提高到约 14 mmol/L 和 7 mmol/L 时，产甲烷活力迅速降低，进入中间抑制期。因此，中间抑制期的出现反映了高浓度 FAN 对未驯化产甲烷菌的完全抑制。相比之下，驯化后的 ATS 和 AMS，以及进入后活跃产甲烷期的 NATS 和 NAMS，则能耐受更高浓度且剧烈变化的 FAN 的胁迫。可见，经过在高氨浓度环境的多次或者长时间暴露，产甲烷微生态的氨胁迫耐受力得到显著提高。

7.3.4　产甲烷途径的变化

1. 高温反应器内的产甲烷途径

图 7-7 显示了各高温反应器内气相稳定碳同位素含量的变化。

CH_3COOH 培养实验　TAN 为 500 mmol/L 的 ATS_N7(1，2)反应器中，缓慢产甲烷期时，气相的 $\delta^{13}CH_4$ 和 $\delta^{13}CO_2$ 分别为 $-71.3‰\sim$ $-74.7‰$ 和 $-7.7‰\sim-13.1‰$（图 7-7 a），此时的 α_c 约为 1.070（图 7-7 c）。当进入活跃产甲烷期后，$\delta^{13}CH_4$ 快速下降（最低值 $-89.0‰$），$\delta^{13}CO_2$ 则持续升高，α_c 随之增加，最高值达到 1.095。可见，ATS_N7(1，2) 中的甲烷化反应存在较高的碳同位素分馏效应，甲烷主要通过 CO_2 还原型途径产生。而进入活跃产甲烷期后，碳同位素分馏效应上升到极高水平，指示功能产甲烷菌种群可能发生了变化。

TAN 为 10 mmol/L 的 ATS_N0.14(1)中，α_c 由缓慢产甲烷期的 1.067 下降到活跃产甲烷期 1.007，进入稳定期后又急剧增加至 1.073。可见，ATS_N0.14(1)中的甲烷主要通过乙酸发酵型途径产生，而当乙酸几乎被耗尽时，产甲烷途径转向氢营养型。

$[2-^{13}C]CH_3COOH$ 培养实验　通过观测 $[2-^{13}C]CH_3COOH$ 降解过程中，^{13}C 代谢产物的产生情况，亦可判断乙酸的降解途径。在 ATS_N7(3)反应器中，迟滞期和缓慢产甲烷期，$^{13}CH_4$ 的含量由初期的 80.6％逐渐降低，而 $^{13}CO_2$ 的含量则由 1.0％逐渐提高；进入活跃产甲烷期后，两者均稳定在 30％左右[图 7-7(e)]。由此可见，迟滞期和缓慢产甲烷期，乙酸发酵型途径产生的甲烷的含量由初始的 80％逐渐减少，通过乙酸氧化生成的 CO_2 则在增加；进入活跃产甲烷期后，乙酸完全通过氧化降解，甲烷则完全通过 CO_2 还原途径生成。

在 ATS_N0.14(3)中，活跃产甲烷期，$^{13}CH_4$ 的含量高于 95％，$^{13}CO_2$ 的含量则低于 1.5％；进入稳定期后，$^{13}CH_4$ 含量迅速降低，$^{13}CO_2$

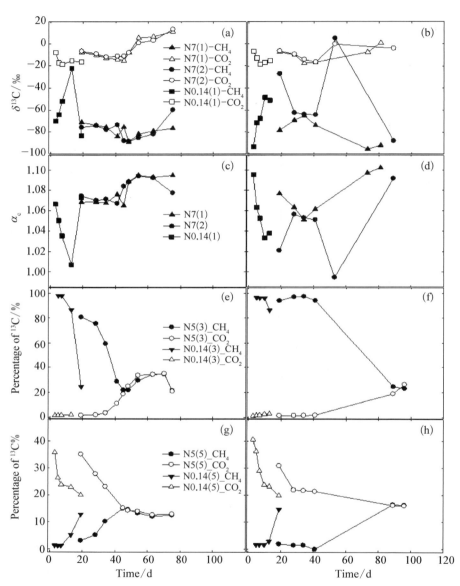

（a，c，e，g）接种污泥 ATS，代表驯化后的微生态，（b，d，f，h）接种污泥 NATS，代表未驯化
的微生态；（a，b，c，d）CH₃COOH 培养，（e，f）¹³CH₃COOH 培养，（g，h）NaH¹³CO₃ 培养

图 7-7 各高温反应器的 $\delta^{13}CH_4$ 和 $\delta^{13}CO_2$、$^{13}CH_4$ 和 $^{13}CO_2$ 含量与 α_c

含量随之提高,表明主导产甲烷途径已由活跃产甲烷期的乙酸发酵型转向稳定期的 CO_2 还原型。

NaH^{13}CO$_3$ 培养实验　通过标记外源性无机碳,$^{13}CH_4$ 的含量即可用于指示 CO_2 还原型甲烷化反应中 C 的来源(乙酸氧化反应或者环境中的 CO_2)。因此,在 ATS_N7(5)反应器中,采用 50% $NaH^{13}CO_3$ 进行了无机碳标记,并监测了标记物在代谢产物中的分布。发现在迟滞期和缓慢产甲烷期,$^{13}CH_4$ 的含量由初始的 3.2% 逐渐增加,$^{13}CO_2$ 含量则由 34.0% 逐渐减少;进入活跃产甲烷期后,$^{13}CH_4$ 和 $^{13}CO_2$ 的含量均稳定于 15% 左右[图 7-7(g)]。可见,随着共生乙酸氧化和 CO_2 还原型甲烷化联合途径比重的提高,外源性无机碳对产甲烷反应的贡献逐渐增加。由此表明,氢营养型产甲烷菌以液相环境中的碳酸盐和 CO_2 为碳源,进行甲烷化代谢。另外,以[2-^{13}C]CH_3COOH 为基质的 ATS_N7(3)反应器中,当共生乙酸氧化联合途径为主导产甲烷途径时,代谢产物中的 $^{13}CH_4$ 和 $^{13}CO_2$ 含量相等,但小于 50%。该现象也证明,外源性的无机碳和其他生化反应生成的 CO_2,可稀释共生乙酸氧化反应中产生的 CO_2。

在 ATS_N0.14(5)反应器中,气相 $^{13}CH_4$ 和 $^{13}CO_2$ 含量的变化规律显示:在活跃产甲烷期,甲烷主要通过乙酸发酵型途径产生;进入稳定期后,共生乙酸氧化和氢营养型甲烷化联合途径成为主导代谢途径。

由以上分析过程可以发现,在各 ATS_N7 反应器内,活跃产甲烷期的甲烷化代谢均通过共生乙酸氧化联合途径进行。而缓慢产甲烷期的代谢方式则存在一定差异,即:ATS_N7(1, 2)中为共生乙酸氧化联合途径主导。ATS_N7(3, 5)中则为:初始时,乙酸发酵型途径占优势;随着甲烷化速率的增加,共生乙酸氧化联合途径的比例逐渐提高。可见,在临界氨浓度下,产甲烷微生态的功能处于不稳定状态。

按照以上方法分析 NATS 反应器的甲烷化代谢过程,结果表明:

TAN 为 500 mmol/L 时,在前活跃产甲烷期,甲烷主要通过乙酸发酵型途径生成;进入中间抑制期后,主导产甲烷途径开始转向共生乙酸氧化联合途径;在后活跃产甲烷期,甲烷完全通过共生乙酸氧化联合途径产生。TAN 为 10 mmol/L 时,在活跃产甲烷期,甲烷化代谢主要通过乙酸发酵型途径进行;进入稳定期后,共生乙酸氧化和氢营养型甲烷化联合途径的贡献显著增加[图 7-7(b),(d),(f),(h)]。

2. 中温反应器内的产甲烷途径

图 7-8 显示了各中温反应器内气相稳定碳同位素含量的变化。据此,采用天然稳定碳同位素指纹识别技术以及有机碳和无机碳同位素标记技术,综合分析了 AMS 和 NAMS 反应器内乙酸甲烷化代谢途径的演变规律。

TAN 为 357 mmol/L 时,AMS 接种的 5 个反应器中的甲烷化代谢过程出现一定的差异,如 AMS_N5(2,4)的活跃产甲烷期比 AMS_N5(1,3,5)更早出现。AMS_N5(2)中,乙酸发酵型甲烷化代谢占优势,进入稳定期后,主导代谢途径转向共生乙酸氧化联合途径;而在 AMS_N5(1)和 AMS_N5(3,5)中,缓慢产甲烷期的主导产甲烷途径为乙酸发酵型;过渡到活跃产甲烷期后,共生乙酸氧化联合途径的比例逐渐提高;进入稳定期后,共生乙酸氧化联合途径成为主导代谢途径[图 7-8(a),(c),(e),(g)]。而 TAN 为 10 mmol/L 时,AMS_N0.14 中的甲烷主要通过乙酸发酵型途径产生;进入稳定期后,共生乙酸氧化联合途径的贡献则显著增加。

NAMS 反应器采用未驯化污泥接种。其产甲烷过程和代谢途径的变化规律与 NATS 反应器相似,即:TAN 为 357 mmol/L 时,在前活跃产甲烷期,甲烷主要通过乙酸发酵型途径生成;进入中间抑制期后,主导产甲烷途径开始转向共生乙酸氧化联合途径;在后活跃产甲烷期,甲烷完全通过共生乙酸氧化联合途径产生。TAN 为 10 mmol/L 时,在活跃

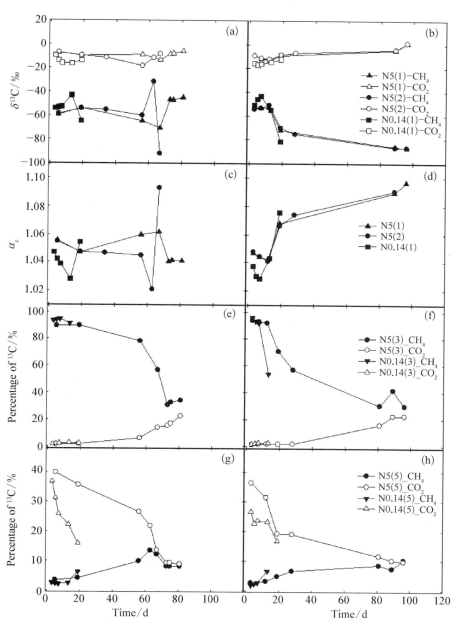

（a，c，e，g）接种污泥 AMS，代表驯化后的微生态，（b，d，f，h）接种污泥 NAMS，代表未驯化的微生态；（a，b，c，d）CH_3COOH 培养，（e，f）$^{13}CH_3COOH$ 培养，（g，h）$NaH^{13}CO_3$ 培养

图 7 - 8　各中温反应器的 $\delta^{13}CH_4$ 和 $\delta^{13}CO_2$、$^{13}CH_4$ 和 $^{13}CO_2$ 含量与 α_c

产甲烷期,乙酸发酵型途径为产甲烷主导途径;进入稳定期后,共生乙酸氧化联合途径的比例显著提高[图 7-8(b),(d),(f),(h)]。

由以上分析结果可知,在临界氨浓度下,以驯化微生态接种的反应器内,缓慢产甲烷期的乙酸主要通过乙酸发酵型途径被降解;随后,共生乙酸氧化联合途径逐渐取代乙酸发酵型途径,成为活跃产甲烷期乙酸被快速降解的主导途径。而以未驯化微生态接种的反应器内,在前活跃产甲烷期,乙酸通过乙酸发酵型途径被部分降解;进入中间抑制期后,共生乙酸氧化联合产甲烷反应开始发生;在后活跃产甲烷期,共生乙酸氧化联合途径成为残余乙酸降解的主导途径。在低氨浓度下,各反应器内的乙酸均主要通过乙酸发酵型途径被降解;当乙酸几乎被耗尽时,产甲烷主导途径则转向氢营养型。

3. 代谢途径分析的方法学探讨

本文对相同培养环境下的各反应器,分别采用天然稳定碳同位素指纹识别技术和有机碳(乙酸甲基碳标记)、无机碳同位素标记技术,识别乙酸的厌氧代谢途径。尽管各反应器的甲烷化代谢过程略有差异,不同分析方法所显示的结果却基本吻合。可见,上述方法间能够互相印证。这也证明了天然稳定碳同位素指纹技术识别厌氧产甲烷途径或乙酸降解途径的有效性。

7.3.5 微生物种群结构的变化

1. 关键微生物种群丰度的变化

qPCR 技术可实现对特定微生物种群数量的动态监测,为研究特定生境中关键微生物种群的分布变化以及环境因素对各微生物种群的影响提供重要信息。

处于氨胁迫下的厌氧微生态中,乙酸主要通过共生乙酸氧化和乙酸发酵型甲烷化途径降解。此过程中,严格乙酸营养型的甲烷鬃毛菌科

Methanosaetaceae、多营养型的甲烷八叠球菌科 *Methanosarcinaceae*、共生乙酸氧化细菌，以及氢营养型的甲烷杆菌目 *Methanobacteriales* 和甲烷微菌目 *Methanomicrobiales*，在微生态的变化演替中可能起到关键作用。因此，选择细菌、甲烷杆菌目 *Methanobacteriales*、甲烷囊菌属 *Methanoculleus*（属于甲烷微菌目）、甲烷八叠球菌属 *Methanosarcina*（属于甲烷八叠球菌科）和甲烷鬃毛菌科 *Methanosaetaceae* 这 5 个种群作为本研究的关键微生物种群。采用 qPCR 技术，监测了氨胁迫下 5 个关键微生物种群丰度的动态变化过程。由于反应体系存在固、液两相，为非均匀系统，因此，分别分析了固相污泥和液相中的微生物种群。

高温反应器内细菌和产甲烷菌种群丰度的变化　由图 7-9 可以看到，TAN 为 500 mmol/L 的高温反应器中，甲烷囊菌属 *Methanoculleus* 丰度的变化最为显著。在 ATS 反应器的缓慢产甲烷末期，以及 NATS

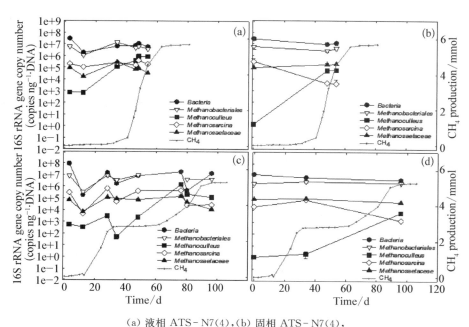

(a) 液相 ATS-N7(4)，(b) 固相 ATS-N7(4)，
(c) 液相 NATS-N7(5)，(d) 固相 NATS-N7(5)

图 7-9　TAN 500 mmol/L 时高温反应器内的微生物种群丰度

反应器的中间抑制前期，*Methanoculleus* 的丰度即开始快速升高；当 ATS 反应器进入活跃产甲烷期，以及 NATS 反应器进入后活跃产甲烷期时，*Methanoculleus* 的丰度已提高了约 3 个数量级，从 10^2 copies/ng - DNA 提高到 10^5 copies/ng - DNA。此时，固相污泥中也出现了大量 *Methanoculleus*，而原本占优势的甲烷八叠球菌属 *Methanosarcina* 的丰度则降低了约 2 个数量级，由初始的 10^5 copies/ng - DNA 减少到了 10^3 copies/ng - DNA。

细菌和甲烷杆菌目 *Methanobacteriales* 为微生态中数量最多的两个类群，其丰度在产甲烷过程中略有增加。甲烷八叠球菌属 *Methanosarcina*（液相环境）和甲烷鬃毛菌科 *Methanosaetaceae* 的丰度随时间呈现一定波动，但整体上略有降低。

由此可以确认，在高温反应器中，*Methanoculleus* 为氨胁迫下的优势产甲烷菌种群。

中温反应器内细菌和产甲烷菌种群丰度的变化　如图 7 - 10 所示，TAN 为 357 mmol/L 时，中温反应器内的甲烷囊菌属 *Methanoculleus* 和甲烷八叠球菌属 *Methanosarcina* 的数量均有显著增加。AMS_N5(4) 中，到活跃产甲烷阶段中期，*Methanosarcina* 和 *Methanoculleus* 在液相中的丰度均增加了约 4 个数量级，从 10 copies/ng - DNA 增加到 10^5 copies/ng -DNA；*Methanoculleus* 在固相污泥中的丰度由起始时的未检出，增加到 10^3 copies/ng - DNA；*Methanosarcina* 的丰度也增加了近 30 倍。NAMS_N5(4) 中，在前活跃产甲烷期，各微生物种群并无显著变化；进入中间抑制期后，*Methanoculleus* 和 *Methanosarcina* 的数量开始增加；到后活跃产甲烷期时，*Methanoculleus* 在固相中的丰度由前活跃产甲烷期的极低值（<1 copy/ng - DNA），增加到了 $10^4 \sim 10^5$ copies/ng - DNA，其在液相中的丰度则增加了 3 个数量级；同时，*Methanosarcina* 的丰度也发生了近 2 个数量级的变化。

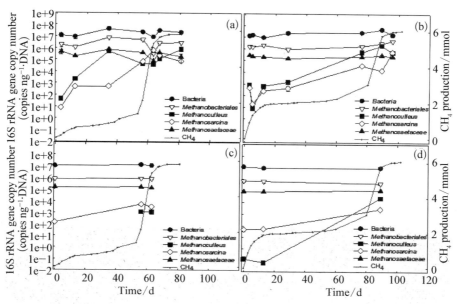

（a）液相 AMS-N5(4),（b）固相 AMS-N5(4),（c）液相 NAMS-N5(5),（d）固相 NAMS-N5(5)

图 7-10　TAN 357 mmol/L 时中温反应器内的微生物种群丰度

在中温反应器内,细菌和甲烷杆菌目 *Methanobacteriale* 同样为数量最多的两个类群,其丰度在产甲烷过程中略有增加;甲烷鬃毛菌科 *Methanosaetaceae* 的丰度呈现一定的波动,但在培养后期显著降低。

由此可见,中温反应器内,*Methanosarcina* 和 *Methanoculleus* 在氨胁迫下的甲烷化代谢中起到关键作用。对于驯化后的污泥 AMS,*Methanosarcina* 与 *Methanoculleus* 共同成为活跃产甲烷期的优势产甲烷菌种群;而未经驯化的污泥 NAMS 中,*Methanoculleus* 的变化比 *Methanosarcina* 更为剧烈。

2. 功能微生物种群的 FISH 观测结果

FISH 技术不仅可以提供目标微生物种群的代谢活力信息,还可实现原位观测活性微生物种群的存在形态和空间分布状况。本研究采用 FISH 方法观测了关键微生物种群,包括细菌、甲烷八叠球菌科

Methanosarcinaceae、甲烷微菌目 *Methanomicrobiales*、甲烷鬃毛菌科 *Methanosaetaceae* 和甲烷杆菌目 *Methanobacteriales* 的分布变化。

氨胁迫下驯化的高温微生态　图 7 - 11 显示了 ATS - N7(4)反应器内功能微生物种群的变化过程。在驯化后的 ATS 污泥中,存在大量甲烷八叠球菌科 *Methanosarcinaceae* 的多细胞聚集体(图 7 - 11(a),(b),(c)蓝色)。在迟滞期和缓慢产甲烷期,检测到 *Methanosarcinaceae* 的明亮信号;随后,信号强度逐渐减弱。进入活跃产甲烷期后,*Methanosarcinaceae* 的信号完全消失;同时,杆状细菌(图 7 - 11(d),(e),(f)红色)和球形甲烷

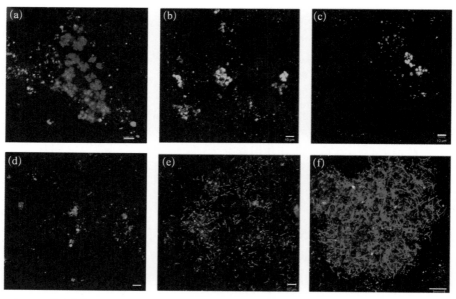

(a) 0 d 微生物接种时;(b) 12 d 产甲烷迟滞期;(c) 34 d 缓慢产甲烷期;(d) 42 d 活跃产甲烷前期;(e) 48 d 活跃产甲烷期;(f) 56 d 活跃产甲烷末期

图 7 - 11　ATS - N7(4)内液相中微生物的 FISH 观测结果

注:各微生物样品 FISH 所用探针为:
(a) Arc915 - FITC 绿色;MS1414 - Cy5 蓝色;Mx825 mix - Cy3 红色;
(b) Arc915 - FITC 绿色;MS1414 - Cy5 蓝色;Mx825 mix - Cy3 红色;
(c) Arc915 - FITC 绿色;MS1414 - Cy5 蓝色;Mx825 mix - Cy3 红色;
(d) Arc915 - FITC 绿色;MG1200 - Cy5 蓝色;EUB338 mix - Cy3 红色;MS1414 - Cy3 红色;
(e) Arc915 - FITC 绿色;MG1200 - Cy5 蓝色;EUB338 mix - Cy3 红色;MS1414 - Cy3 红色;
(f) Arc915 - FITC 绿色;MG1200 - Cy5 蓝色;EUB338 mix - Cy3 红色;MS1414 - Cy3 红色。

微菌 *Methanomicrobiales*(图 7 - 11(d),(e),(f)蓝色)开始大量产生。到活跃产甲烷期和稳定期,细菌和 *Methanomicrobiales* 已完全取代 *Methanosarcinaceae*,成为优势微生物种群。

氨胁迫下未驯化的高温微生态　如图 7 - 12 所示,NATS - N7(4)反应器中,未驯化的微生态 NATS 显示了相似的变化规律。但与 ATS 不同的是,在培养起始阶段,液相中的 *Methanosarcinaceae*[蓝色,图 7 - 12(a),(b)]呈现单细胞悬浮状态;随后,单细胞迅速聚集,形成大量多细胞团簇,成为前活跃产甲烷期的功能微生物;进入中间抑制期后,

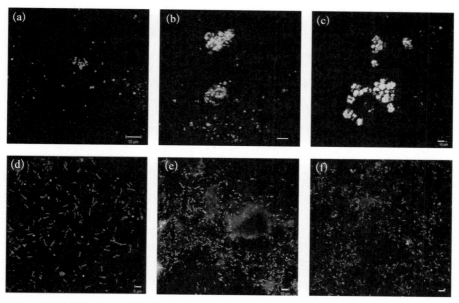

(a) 0 d 微生物接种时;(b) 12 d 缓慢产甲烷期;(c) 34 d 前活跃产甲烷期;(d) 69 d 后活跃产甲烷前期;(e) 75 d 后活跃产甲烷中期;(f) 81 d 后活跃产甲烷末期

图 7 - 12　NATS - N7(4)内液相中微生物的 FISH 观测结果

注:各微生物样品 FISH 所用探针为:
(a) Arc915 - FITC 绿色;MS1414 - Cy5 蓝色;Mx825 mix - Cy3 红色;
(b) Arc915 - FITC 绿色;MS1414 - Cy5 蓝色;Mx825 mix - Cy3 红色;
(c) Arc915 - FITC 绿色;MS1414 - Cy3 红色;Mx825 mix - Cy3 红色;MG1200 - Cy5 蓝色;
(d) Arc915 - FITC 绿色;MG1200 - Cy3 红色;EUB338 mix - Cy5 蓝色;
(e) Arc915 - FITC 绿色;MG1200 - Cy5 蓝色;EUB338 mix - Cy3 红色;MS1414 - Cy3 红色;
(f) Arc915 - FITC 绿色;MG1200 - Cy5 蓝色;EUB338 mix - Cy3 红色;MS1414 - Cy3 红色。

Methanosarcinaceae 的信号[黄色,图 7 - 12(c)]仅维持了一段时间,之后就逐渐消失;细菌[蓝色,图 7 - 12(d);红色,图 7 - 12(e),(f)]和 *Methanomicrobiales*[黄色,图 7 - 12(d);蓝色,图 7 - 12(e),(f)]开始产生,并成为后活跃产甲烷期的优势微生物种群。

由此可见,高温反应器中,在氨胁迫下,随着乙酸逐渐被消耗,互营共栖的细菌和甲烷微菌目 *Methanomicrobiales* 逐渐取代甲烷八叠球菌 *Methanosarcinaceae*,成为优势微生物种群。而预培养驯化过程加速了微生态的此种转变。根据已有研究结果推测,新生的杆状细菌即为高温共生乙酸氧化细菌(SAOB)。可见,与 *Methanosarcinaceae* 相比,SAOB 和甲烷微菌目 *Methanomicrobiales* 具有更高的氨胁迫耐受性。

中温颗粒污泥内的微生态 根据 FISH 观测结果可以发现,在中温颗粒污泥内,细菌和产甲烷菌呈层状分布,最外层为细菌(红色),次外层为产甲烷菌[绿色,图 7 - 13(a),(c)],其中大部分为甲烷鬃毛菌 *Methanosaetaceae*[黄色,图 7 - 13(b),(e),(f)]。在以细菌为主的外层,还存在少量甲烷微菌目 *Methanomicrobiales* 的球形细胞[蓝色,图 7 - 13(a)—(f)]。

在低氨浓度下培养后,颗粒内微生物的分布未发生显著变化[图 7 - 13(b),(e)]。

在高氨浓度下,未驯化的 NAMS 污泥内,中间抑制期前,颗粒内微生物的分布仍然为细菌和 *Methanosaetaceae* 的双层结构;而进入后活跃产甲烷期时,颗粒内细菌和 *Methanosaetaceae* 的信号基本消失,仅检测到甲烷微菌目 *Methanomicrobiales* 和少量细菌的信号[图 7 - 13(d)]。而在驯化的 AMS 污泥中,活跃产甲烷期时,颗粒内的细菌和 *Methanosaetaceae* 展示了较强的信号;其最外层中,*Methanomicrobiales* 的数量显著增加。

氨胁迫下驯化的中温微生态 图 7 - 14 显示,在 AMS - N5(4)反应

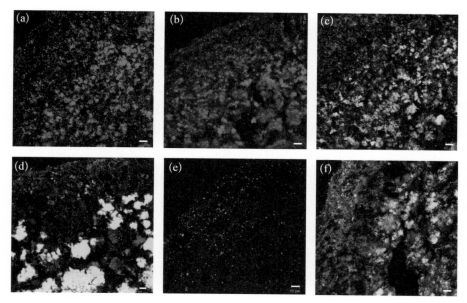

（a）0 d 微生物接种时；（b）7d_NAMS－N0.14 活跃产甲烷期；（c）14 d_NAMS－N5 前活跃产甲烷期；（d）96 d_NAMS－N5 后活跃产甲烷期；（e）7 d_AMS－N0.14 缓慢产甲烷期；（f）60 d_AMS－N5 活跃产甲烷期

图 7－13　中温反应器颗粒污泥内微生物的 FISH 观测结果。各反应器编号同上

注：各微生物样品 FISH 所用探针为：

（a）Arc915－FITC 绿色；MG1200－Cy5 蓝色；Eub338 mix－Cy3 红色；

（b）Arc915－FITC 绿色；Eub338 mix－Cy3 红色；MG1200－Cy5 蓝色；Mx825 mix－Cy3 红色；

（c）Arc915－FITC 绿色；MG1200－Cy5 蓝色；Eub338 mix－Cy3 红色；

（d）Arc915－FITC 绿色；MG1200－Cy5 蓝色；Eub338 mix－Cy3 红色；

（e）Arc915－FITC 绿色；Eub338 mix－Cy3 红色；MG1200－Cy5 蓝色；Mx825 mix－Cy3 红色；

（f）Arc915－FITC 绿色；Eub338 mix－Cy3 红色；MG1200－Cy5 蓝色；Mx825 mix－Cy3 红色。

器中，缓慢产甲烷期（0～13 d），液相中存在高浓度的甲烷鬃毛菌 *Methanosaetaceae*[绿色，图 7－14（a）—（c）]和少量细菌[红色，图 7－14（a）—（c）]；培养至第 26 d 时，产甲烷反应基本停滞，代表微生物的荧光信号也几乎消失；进入活跃产甲烷期后（第 56 d），液相中出现大量甲烷八叠球菌科 *Methanosarcinaceae* 的多细胞聚集体[黄色，图 7－14（d）—（f）]，其直径均大于 50 μm；同时，还观测到少量杆状细菌[红色，图 7－14（d）—（f）]。在活跃产甲烷后期和稳定期（第 65 d）时，细菌和甲烷微菌目

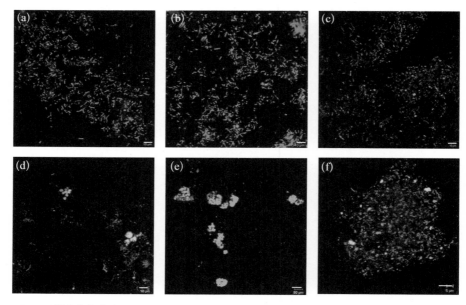

(a) 0 d 微生物接种时;(b) 13 d 缓慢产甲烷期;(c) 26 d 产甲烷迟滞期;(d) 38 d 活跃产甲烷前期;
(e) 56 d 活跃产甲烷中期;(f) 65 d 活跃产甲烷末期

图 7 - 14 AMS - N5(4)内液相中微生物的 FISH 观测结果

注:各微生物样品 FISH 所用探针为:
(a) Arc915 - FITC 绿色;MS1414 - Cy5 蓝色;EUB338 mix - Cy3 红色;
(b) Arc915 - FITC 绿色;MS1414 - Cy5 蓝色;EUB338 mix - Cy3 红色;
(c) Arc915 - FITC 绿色;MS1414 - Cy5 蓝色;EUB338 mix - Cy3 红色;
(d) Arc915 - FITC 绿色;MG1200 - Cy5 蓝色;MS1414 - Cy3 红色;EUB338 mix - Cy3 红色;
(e) Arc915 - FITC 绿色;MG1200 - Cy5 蓝色;MS1414 - Cy3 红色;EUB338 mix - Cy3 红色;
(f) Arc915 - FITC 绿色;MG1200 - Cy5 蓝色;MS1414 - Cy3 红色;EUB338 mix - Cy3 红色。

Methanomicrobiales[蓝色,图 7 - 14(d)—(f)]的数量显著增加,而甲烷八叠球菌科 *Methanosarcinaceae* 多细胞聚集体的数量明显减少,其直径也缩小至 5 μm 左右。

氨胁迫下未驯化的中温微生态 如图 7 - 15 所示,在 NAMS - N5(4)反应器中,前活跃产甲烷期(0~13 d),液相中存在大量产甲烷鬃毛菌 *Methanosaetaceae*(绿色,图 7 - 14 a—c)与少量短杆和球状细菌[红色,图7 - 14(a)—(c)];进入中间抑制期(34 d)后,产甲烷反应基本停滞,荧光信号几近消失;随着产甲烷活力逐渐恢复,细菌[蓝色,图 7 - 15(d);

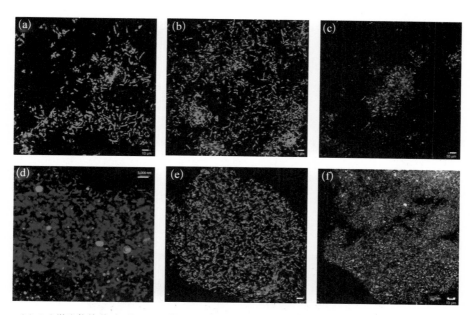

(a) 0 d 微生物接种时；(b) 13 d 前活跃产甲烷期；(c) 34 d 中间抑制期；(d) 89 d 后活跃产甲烷前期；(e) 96 d 后活跃产甲烷中期；(f) 106 d 后活跃产甲烷末期

图 7-15　NAMS-N5(4) 内液相中微生物的 FISH 观测结果

注：各微生物样品 FISH 所用探针为：
(a) Arc915-FITC 绿色；MS1414-Cy5 蓝色；EUB338 mix-Cy3 红色；
(b) Arc915-FITC 绿色；MS1414-Cy5 蓝色；EUB338 mix-Cy3 红色；
(c) Arc915-FITC 绿色；MS1414-Cy5 蓝色；EUB338 mix-Cy3 红色；
(d) Arc915-FITC 绿色；MG1200-Cy3 红色；EUB338 mix-Cy5 蓝色；
(e) Arc915-FITC 绿色；MG1200-Cy5 蓝色；MS1414-Cy3 红色；EUB338 mix-Cy3 红色；
(f) Arc915-FITC 绿色；MG1200-Cy5 蓝色；MS1414-Cy3 红色；EUB338 mix-Cy3 红色。

红色，图 7-15(e)，(f)]和甲烷微菌 *Methanomicrobiales*[黄色，图 7-15 (d)；蓝色，图 7-15(e)，(f)]快速增殖，并成为后活跃产甲烷期的优势种群；在后活跃产甲烷期的起始阶段，也观测到了 *Methanosarcinaceae* 的信号[绿色，图 7-15(d)]，但随着细菌和甲烷微菌目 *Methanomicrobiales* 数量的急剧增加，其信号逐渐消失。

　　由此可见，在中温反应器中，氨胁迫下，随着乙酸逐渐被消耗，甲烷八叠球菌科 *Methanosarcinaceae* 与互营共栖的细菌和甲烷微菌快速生长,逐渐取代甲烷鬃毛菌科 *Methanosaetaceae* 成为优势微生物种群。驯化后的 AMS 微生态中,甲烷八叠球菌科 *Methanosarcinaceae* 在氨胁迫下的甲烷化启动过程中起到更重要的作用;而在未驯化的 NAMS 微生态中,共生的细菌和甲烷微菌成为更关键的嗜乙酸产甲烷微生物种群。*Methanosarcinaceae* 仅在后活跃产甲烷初期出现。此种差异,可能与驯化或者 NAMS 反应器中更高的 FAN 浓度相关。

无氨胁迫下的厌氧微生态　TAN 为 10 mmol/L 的各反应器中,乙酸厌氧甲烷化过程中,均未出现功能微生物种群的演变。由图 7 - 16 可知,高温环境中,甲烷八叠球菌科 *Methanosarcinaceae*[蓝色,图 7 - 16

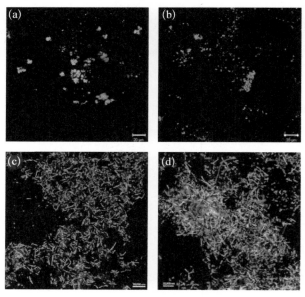

(a) 7d_ATS - N0.14(4) 活跃产甲烷期;(b) 5d NATS - N0.14(4) 活跃产甲烷期;
(c) 3 d_AMS - N0.14(4) 活跃产甲烷期;(d) 3 d_NAMS - N0.14(4) 活跃产甲烷前期

图 7 - 16　TAN 10 mmol/L 时液相中微生物的 FISH 观测结果。反应器编号同上

注:各微生物样品 FISH 所用探针为:
(a) Arc915 - FITC 绿色;MS1414 - Cy5 蓝色;Mx825 mix - Cy3 红色;
(b) Arc915 - FITC 绿色;MS1414 - Cy5 蓝色;Mx825 mix - Cy3 红色;
(c) Arc915 - FITC 绿色;MS1414 - Cy5 蓝色;EUB338 mix - Cy3 红色;
(d) Arc915 - FITC 绿色;MS1414 - Cy5 蓝色;EUB338 mix - Cy3 红色。

(a),(b)]为活跃产甲烷期的优势功能微生物种群;中温环境中,甲烷鬃毛菌科 *Methanosaetaceae*[绿色,图 7 - 16(c),(d)]始终为优势产甲烷菌,而细菌[红色,图 7 - 16(c),(d)]也大量存在于液相体系中。

氨胁迫下功能菌群的聚集形态　由以上分析可知,*Methanoculleus*(属于 *Methanomicrobiales*)和 *Methanosarcina*(属于 *Methanosarcinaceae*)为氨胁迫下的功能产甲烷菌。结合对氨浓度的分析可见,中温下,FAN 达到 14~21 mmol/L 时,*Methanosarcina* 倾向形成多细胞聚集体;而 FAN 达到 36~43 mmol/L 时,*Methanoculleus* 则与 SAOB 趋向汇集成为细胞团簇。高温下,两种聚集形态的功能菌群可耐受的 FAN 范围则分别约为 29~50 mmol/L 和 43~107 mmol/L。

7.3.6　驯化和未驯化的微生态对氨胁迫的响应模式

综合对底物的转化过程、代谢途径和微生物种群结构的分析结果,可对本章不同研究体系中微生态的变化过程作如下具体描述。

1) 未驯化的高温微生态 NATS 中,优势菌群及其功能的演变过程(图 7 - 17)

TAN 为 500 mmol/L 时　在前活跃产甲烷期,甲烷八叠球菌 *Methanosarcina* sp. 为优势微生物种群,进行乙酸发酵型甲烷化代谢过程,其形态由悬浮的单细胞逐渐转变为多细胞聚集体;随着乙酸逐渐被消耗,pH 上升,FAN 浓度提高,*Methanosarcina* sp. 受到抑制,产甲烷过程进入中间抑制期。此时,*Methanosarcina* sp. 逐渐消失,而 SAOB 和甲烷囊菌属 *Methanoculleus* 迅速生长;当其细胞浓度达到一定水平时,甲烷化反应恢复,产甲烷过程进入后活跃产甲烷期。此时,乙酸氧化共生菌群通过乙酸氧化和 CO_2 还原型甲烷化联合途径产甲烷;乙酸浓度极低时,进入稳定期。此时,乙酸氧化共生菌群仍为功能菌群。

TAN 为 10 mmol/L 时　乙酸的甲烷化过程中,功能微生物为甲烷

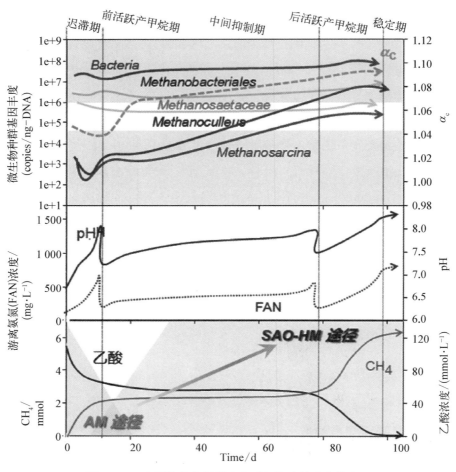

图 7‑17 未驯化的高温微生态对氨胁迫的响应模式图

八叠球菌 *Methanosarcina* sp.，其通过乙酸发酵型甲烷化途径代谢乙酸。

2) 驯化的高温微生态 ATS 中，优势菌群及其功能的演变过程（图 7‑18）

TAN 为 500 mmol/L 时　在迟滞期和缓慢产甲烷期，主要为 *Methanosarcina* sp. 的多细胞聚集体，通过乙酸发酵途径（或可能通过 CO_2 还原型途径）缓慢产生甲烷。此时，*Methanoculleus* sp. 的丰度已

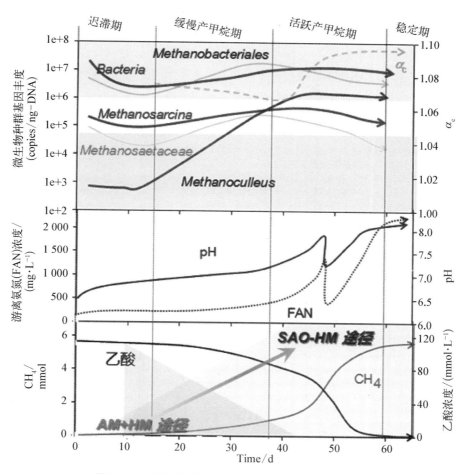

图 7‑18　驯化的高温微生态对氨胁迫的响应模式图

经开始增加；随着 FAN 浓度逐渐提高，*Methanosarcina* sp. 消失，SAOB 和 *Methanoculleus* sp. 的数量迅速增加，并成为优势功能菌群。乙酸氧化和 CO_2 还原型甲烷化联合反应成为主导代谢途径，甲烷化速率迅速提高，进入活跃产甲烷期；在稳定期，乙酸氧化共生菌群依然占据优势。

TAN 为 10 mmol/L 时　主要为多细胞聚集式生长的 *Methanosarcina* sp.，通过乙酸发酵型甲烷化途径代谢乙酸。

可见,氨胁迫下的高温产甲烷微生态中,乙酸氧化共生菌群对于新甲烷化中心的建立起到关键作用。

3) 未驯化的中温微生态 NAMS 中,优势菌群及其功能的演变过程(图 7 - 19)

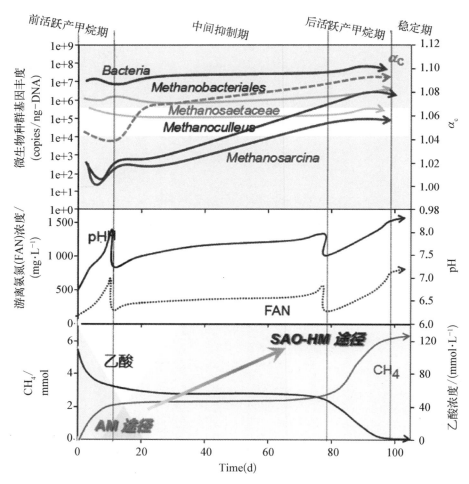

图 7 - 19　未驯化的中温微生态对氨胁迫的响应模式图

TAN 为 357 mmol/L　在前活跃产甲烷期,液相和颗粒污泥内部的甲烷鬃毛菌科 *Methanosaetaceae* 通过乙酸发酵型途径产甲烷;随着 pH

逐渐上升,FAN 浓度提高,*Methanosaetaceae* 受到抑制,进入中间抑制期。此时,液相和污泥内的 SAOB 和 *Methanoculleus* sp. 的数量开始增加,而 *Methanosarcina* sp. 也开始生长;当新生种群的细胞浓度增加到一定水平时,甲烷化迅速恢复,进入后活跃产甲烷期。此时,主要是乙酸氧化共生菌群通过共生乙酸氧化联合途径产甲烷,*Methanosarcina* sp. 在甲烷化启动初期起到一定作用,随后逐渐消失;在稳定期,乙酸氧化共生菌群仍占据优势。可见,乙酸氧化共生菌群对于新甲烷化中心的建立起到关键作用。

TAN 为 10 mmol/L 时 主要为液相和颗粒污泥内的 *Methanosaetaceae* 通过乙酸发酵型甲烷化途径代谢乙酸。

4) 驯化的中温微生态 AMS 中,优势菌群及其功能的演变过程(图 7 - 20)

TAN 为 357 mmol/L 时 在缓慢产甲烷期,主要是 *Methanosaetaceae* 通过乙酸发酵型途径转化乙酸。此时,*Methanoculleus* sp. 已开始生长;随着 FAN 浓度的提高,液相中的 *Methanosaetaceae* 逐渐消失,*Methaosarcina* sp. 迅速生长,并成为功能产甲烷菌,甲烷化速率迅速提高,进入活跃产甲烷期。此时,*Methanoculleus* sp. 已增加到一定数量,共生乙酸氧化联合途径对甲烷化代谢的贡献逐渐增加;在稳定期,FAN 浓度达到更高水平,乙酸浓度极低,发生基质限制。乙酸氧化共生菌群的丰度进一步提高,并开始占据优势,共生乙酸氧化产甲烷联合途径成为此时甲烷化代谢的主导途径。可见,在甲烷化中心建立过程中,*Methanosarcina* sp. 起到更关键的作用。而驯化后的颗粒污泥内,*Methanosaetaceae* 显示了更强的氨胁迫耐受性。

TAN 为 10 mmol/L 时 主要为液相和颗粒污泥内的 *Methanosaetaceae* 通过乙酸发酵型甲烷化途径代谢乙酸。

可见,在氨胁迫下的中温产甲烷微生态中,*Methanosarcina* sp. 和乙

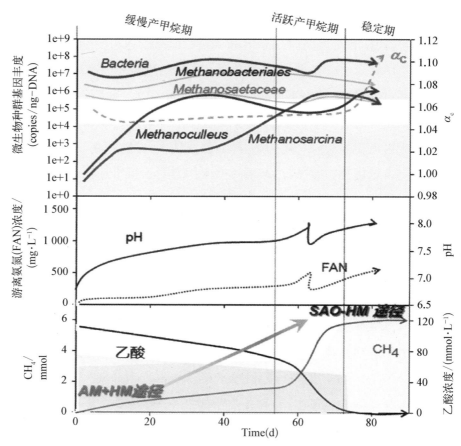

图 7 - 20　驯化的中温微生态对氨胁迫的响应模式图

酸氧化共生菌群互相竞争,建立新的甲烷化中心;而经过驯化后, *Methanosarcina sp.* 的作用更为显著。

未驯化微生态降解乙酸的"双峰"模式　在临界氨浓度下,未驯化的厌氧微生态中,乙酸甲烷化代谢速率随时间的变化均呈现"双峰"模式(见本书第 5 章和本章)。而在已有的研究中,由于缺少对"临界态"(即微生物菌群不稳定的胁迫状态)厌氧反应器的全过程监测,甲烷化速率的"双峰"模式变化鲜见报道。本章中,经过对氨胁迫下产甲烷微生态的多角度综合分析,发现随着 FAN 胁迫的增加,嗜乙酸产甲烷微生物菌群结构和功能逐渐演变的"双峰"过程模式,即:由氨胁迫耐受性低、营乙酸发酵型途径的甲烷菌占优势,逐渐演变为氨胁迫耐受性高、营共生乙酸氧化和氢营养型甲烷化联合途径菌群占优势的过程。

7.4 小 结

（1）氨胁迫（TAN 500 mmol/L）下,高温产甲烷微生态的响应机制表现为:甲烷八叠球菌 *Methanosarcina* sp. 受到抑制逐渐消失,共生乙酸氧化细菌和氢营养型甲烷囊菌 *Methanoculleus* sp. 产生,并逐渐成为优势菌群。驯化后和未经驯化的微生物体系中,新甲烷化中心均由乙酸氧化共生菌群通过乙酸氧化和 CO_2 还原型甲烷化的联合途径形成。

（2）氨胁迫（TAN 357 mmol/L）下,中温产甲烷微生态的响应机制表现为:甲烷鬃毛菌 *Methanosaetaceae* 受到抑制逐渐消失,*Methanosarcina* sp. 和共生乙酸氧化共菌群（SAOB 和 *Methanoculleus* sp.）产生,并相互竞争。未经驯化的体系中,乙酸氧化共生菌群在新甲烷化中心形成时起到关键作用;而在驯化后的体系中,多功能的 *Methanosarcina* sp. 通过乙酸发酵型（或可能通过 CO_2 还原型途径）途径产甲烷,成为甲烷化启动的关键。

（3）基于对产甲烷微生态的动态连续监测,捕捉到了氨胁迫下未驯化微生态结构重建的过程,表现为乙酸厌氧甲烷化代谢的"双峰"模式过程特征,和优势微生物种群及其功能的交替演变。而预先的驯化过程显然削弱了原来占优势的乙酸营养型产甲烷菌的活力,加速了耐胁迫的新生功能菌群的生长和甲烷化中心的建立。氨对乙酸营养型产甲烷菌具有慢性毒性。

（4）*Methanosarcina* sp. 和乙酸氧化共生菌群对乙酸的竞争,受

FAN 浓度、乙酸浓度和驯化的影响。与 *Methanosarcina* sp. 相比,乙酸氧化共生菌群具有更强的氨胁迫耐受性,而 *Methanosarcina* sp. 在高乙酸浓度下更具有竞争优势,且可通过改变代谢途径应对生境中的剧烈变化。驯化增强了营乙酸发酵型产甲烷途径的 *Methanosaeta* sp. 和 *Methanosarcina* sp. 的氨胁迫耐受力。

(5)在共生乙酸氧化和 CO_2 还原型产甲烷联合途径中,氢营养型产甲烷菌所利用的碳源来自液相环境中的无机碳。外源性的或其他生化反应产生的无机碳可稀释乙酸氧化反应生成的 CO_2。因此,在应用稳定碳同位素标记方法定量分析产甲烷途径时,需考虑外源性无机碳对标记物的"稀释效应"。

(6)微生物的聚集形态对其胁迫耐受性具有一定影响。氨胁迫下,*Methanosarcina* sp. 呈现多细胞聚集式生长(中温下 FAN 约为 14~21 mmol/L,高温下 FAN 为 29~50 mmol/L);而液相中共生的 SAOB 和 *Methanoculleus* sp. 则有逐渐聚集形成团簇的趋势(中温下 FAN 为 36~43 mmol/L,高温下 FAN 为 43~107 mmol/L)。可见,厌氧微生物在胁迫状态下倾向于缩短细胞间的距离。

第 *8* 章

研究结论、创新点与建议

8.1 研 究 结 论

在生物质废物的厌氧消化过程中,甲烷化易受高浓度有机酸和氨的胁迫,导致工艺过程不稳定、甲烷化效率降低等问题。为明确产甲烷微生态对酸和氨胁迫的响应机制,本文利用稳定碳同位素标记示踪技术,结合使用特异性甲烷化抑制剂的方法分析甲烷化代谢途径;综合运用 qPCR、FISH、ARISA 和 DNA‐SIP 技术,动态监测嗜乙酸产甲烷微生物菌群结构;再结合对代谢底物、产物和生态因子的分析,建立了多角度综合表征厌氧产甲烷微生态的创新研究方法体系。基于该方法体系,本文分别研究了关键生态因子,包括 pH、乙酸浓度和氨浓度对厌氧产甲烷微生态的影响规律,探究了酸胁迫和氨胁迫下甲烷化中心理论的微生物过程机理,并探明了驯化对氨胁迫下微生态的影响及促进甲烷化代谢启动的效果,主要得到以下结论:

(1)研究了高浓度乙酸环境中,pH 对产甲烷微生态的影响规律。结果发现,酸性环境下,较低的 pH 降低了甲烷的生成速率。在初始乙酸浓度 100 mmol/L,初始 pH 6.0~6.5 时,甲烷主要通过乙酸发酵型途径产生,氢营养型(也称作 CO_2 还原型)甲烷化途径的比例仅为 21%~22%;而当初始 pH 为 5.5 时,乙酸氧化和氢营养型甲烷化联合途径的贡献显著增加(约为 51%),同时伴随着共生乙酸氧化细菌(SAOB)丰度的升高。初始 pH 5.5 且暴露于甲烷化抑制剂 CH_3F 时,甲烷可以完全通过乙酸氧化联合途径产生。乙酸氧化共生菌群在低 pH 胁迫下,对于乙酸向甲烷的转化起到关键作用;而在碱性环境下(pH>7.5),pH 的提高亦对甲烷化代谢产生显著抑制。pH>8.3 时,乙酸发酵型甲烷化途径完全被抑制,甲烷化主导途径转向氢营养型,说明 SAOB 和共生的氢营养型产甲烷菌对高 pH 胁迫具有更强的耐受性。

(2) 研究了乙酸浓度对不同类型嗜乙酸产甲烷微生物菌群的影响。结果发现,乙酸浓度高于 50 mmol/L 时已对乙酸发酵型甲烷化反应产生抑制,pH 的提高(pH>7.5)促进了抑制效应,说明:高乙酸浓度和高 pH 对甲烷化具有协同抑制效应,尤其是对于乙酸发酵型途径。在初始乙酸浓度 50~100 mmol/L 时,营乙酸发酵型途径的甲烷鬃毛菌科 *Methanosaetaceae* 和甲烷八叠球菌科 *Methanosarcinaceae* 始终为优势菌群;而在初始乙酸浓度 150~200 mmol/L 时,随着 pH 的逐渐提高,SAOB 和氢营养型产甲烷菌(包括甲烷微菌 *Methanomicrobiales* 和甲烷杆菌 *Methanobacteriales*)逐渐替代乙酸发酵型产甲烷菌成为优势菌群,形成了产甲烷微生态降解高浓度乙酸的"双峰"模式特征,说明:高乙酸浓度会促使甲烷化主导途径向乙酸氧化和氢营养型甲烷化的联合反应转变。乙酸氧化共生菌群对高乙酸浓度和高 pH 胁迫具有更强的耐受性,但其代谢乙酸的活力却相对偏低。

(3) 研究了氨浓度对中温和高温厌氧产甲烷微生态的影响规律。结果发现,氨对产甲烷反应的抑制程度随其浓度的增加而提高。随着 TAN 的增加,产甲烷主导途径由乙酸发酵型逐渐转向氢营养型。中温下 TAN=10~214 mmol/L 和高温下 TAN=10~357 mmol/L 时,乙酸向甲烷的转化主要通过乙酸发酵型途径进行；中温下 TAN＝357 mmol/L 和高温下 TAN＝500 mmol/L 时，嗜乙酸产甲烷微生物菌群处于不稳定状态，可能通过乙酸发酵型或者共生乙酸氧化和 CO_2 还原型甲烷化联合途径降解乙酸，此时的氨浓度可称为"临界氨浓度"；中温下 TAN＝500～643 mmol/L 和高温下 TAN＝643 mmol/L 时，乙酸发酵型甲烷化途径完全受到抑制，经过较长迟滞期后，乙酸通过共生乙酸氧化产甲烷化途径被降解。

（4）发现了氨胁迫抑制厌氧产甲烷微生态的关键影响因子。在临界氨浓度下，pH 随着 CH_3COO^- 的消耗逐渐升高，游离氨浓度随之增加，中温和高温下 FAN 分别提高至 9～10 mmol/L 和 18～21 mmol/L 时，乙酸发酵型甲烷化途径逐渐受到抑制，产甲烷主导途径开始转向氢营养型，表明 FAN 是产生氨抑制的关键因子。比较不同初始 TAN 的各反应器后发现，产生甲烷化途径转变的初始 FAN 浓度为 5 mmol/L（中温）和 11 mmol/L（高温），低于 FAN 逐渐升高过程中诱发代谢途径转变的浓度。可见，暴露于逐渐增加的氨胁迫下，乙酸发酵型产甲烷菌受到驯化，比突然暴露于高度氨胁迫时展现出了更高的胁迫耐受力。与高温厌氧消化相比，中温厌氧消化系统更容易受到氨的抑制。因此，TAN、pH 和温度是影响氨胁迫程度的关键因子。

（5）研究了存在和不存在氨胁迫时，高浓度乙酸向甲烷转化的微生物过程机理。在高温氨胁迫（TAN 500 mmol/L）下，产甲烷微生态的响应过程表现为：随着 FAN 逐渐增加，营乙酸发酵型途径的甲烷八叠球菌 *Methanosarcina* sp. 逐渐受到抑制并消失，共生的 SAOB 和甲烷囊菌 *Methanoculleus* sp. 逐渐产生并成为优势种群，通过共生乙酸氧化和 CO_2 还原型甲烷化联合途径形成新的甲烷化中心。而在无氨胁迫时，则始终为营乙酸发酵型途径的甲烷八叠球菌 *Methanosarcina* sp. 占优势；中温氨胁迫（TAN 357 mmol/L）下，产甲烷微生态的响应过程则表现为：甲烷鬃毛菌 *Methanosaetaceae* 受到抑制逐渐消失，甲烷八叠球菌 *Methanosarcina sp.* 以及乙酸氧化共生菌群（SAOB 和氢营养型的甲烷囊菌 *Methanoculleus sp.* ）逐渐产生并相互竞争。而在无氨胁迫时，则始终为营乙酸发酵型途径的甲烷鬃毛菌 *Methanosaetaceae* 占优势。

（6）比较了未驯化和驯化后的产甲烷微生态暴露于氨胁迫时的响应过程差异。基于对产甲烷微生态的动态连续监测，捕捉到了氨胁迫下未驯化微生态的结构重建过程，表现为乙酸厌氧甲烷化代谢的"双峰"模式过程特征，和优势微生物种群及其功能的交替演变。而预先的驯化过程显然削弱了原本占优势的乙酸发酵型产甲烷菌的活力，加速了耐胁迫新生功能菌群的生长和甲烷化中心的建立，也显示了氨对厌氧产甲烷菌具有慢性毒性。

（7）分析了甲烷八叠球菌 *Methanosarcina* sp. 对氨胁迫的响应机制。发现在氨胁迫下，*Methanosarcina* sp. 趋向于形成多细胞聚合体。其代谢途径存在可变性，可通过乙酸发酵型和 CO_2 还原型两种途径产甲烷。在预先受到驯化和较高的 FAN 下，更倾向于通过 CO_2 还原型途径产甲烷。

（8）通过 FISH 技术观测到了不同氨胁迫状态下微生物的空间分布状况。发现微生物的聚集形态对于其胁迫的耐受性具有一定影响。颗粒污泥内的细菌和产甲烷菌呈层状分布，从而对处于颗粒内部的甲烷鬃毛菌 *Methanosaetaceae* 产生一定的保护作用，使其在 FAN 高达 14～21 mmol/L 时仍显示了较强的活力。氨胁迫下，产生于液相中共生的 SAOB 和氢营养型产甲烷菌有逐渐聚集形成团簇的趋势，而 *Methanosarcina* sp. 则呈现多细胞聚集式生长。可见，厌氧微生物在胁迫状态下倾向于缩短细胞间的距离。

（9）探索了应用碳同位素标记技术鉴别氨胁迫下优势微生物种群及其功能的方法。发现在使用 DNA - SIP 技术时，需尽量将取样时间控制在培养过程中前期。培养时间过长，则微生物间的交互营养可对功能微生物种群的判断产生干扰。在利用碳同位素标记方法识别乙酸的代谢途径时，发现与 SAOB 合作的氢营养型产甲烷菌所利用的无机碳来源于其生存环境，而并非仅来自乙酸氧化反应。因此，定量分析时需考虑外源性无机碳的"稀释效应"。

（10）厌氧甲烷化胁迫过程中，甲烷化代谢在嗜乙酸产甲烷微生物菌群（包括严格乙酸营养型的甲烷鬃毛菌 *Methanosaeta* sp.、多营养型的甲烷八叠球菌 *Methanosarcina* sp.，以及共生的 SAOB 和氢营养型的甲烷微菌 *Methanomicrobiales* 和甲烷杆菌 *Methanobacteriales*）之间的竞争中进行。当暴露于不利环境时，如过高（>8.3）或过低的 pH（< 6.0）、高浓度 VFAs、高浓度氨以及甲烷化抑制剂（CH_3F），甲烷鬃毛菌 *Methanosaeta* sp. 最为敏感，甲烷八叠球菌 *Methanosarcina* sp. 则具有一定的耐受性，而共生的 SAOB 和氢营养型产甲烷菌的耐受力最高。

8.2 创 新 点

（1）运用稳定碳同位素标记示踪和多种分子生物学技术，建立了由代谢流、代谢途径、微生物菌群结构和功能形态多角度综合表征厌氧产甲烷微生态的创新研究方法体系。基于该方法，连续监测了在不同初始状态下嗜乙酸产甲烷微生物菌群随生态因子的全过程变化，探明了产甲烷微生态对环境胁迫的动态响应机制，捕捉到了酸和氨胁迫下未驯化微生态的结构重建过程，而该过程表现为乙酸厌氧甲烷化代谢的"双峰"模式特征和优势微生物种群及其功能的交替演变。

（2）基于同步应用稳定碳同位素示踪和 FISH 技术，发现胁迫过程中，功能菌群（包括 *Methanosarcina* sp.、SAOB 和氢营养型产甲烷菌）

倾向于缩小细胞间距,呈聚集式生长。此发现提示,采用促进微生物附着和细胞间接触的技术措施(如轻微的搅拌振荡、添加悬浮的惰性填料等),可能加速高胁迫耐受性微生物的生长,进而促进甲烷化代谢的恢复启动。

(3)对厌氧产甲烷微生态胁迫响应行为的系统研究显示,在高或低pH、高乙酸浓度或高氨浓度形成的胁迫条件下,乙酸氧化共生菌群耐受力最高,甲烷八叠球菌次之,甲烷鬃毛菌最低;高温菌群的氨胁迫耐受力高于中温菌群;甲烷八叠球菌倾向于利用 CO_2 还原途径产甲烷。

(4)基于应用稳定碳同位素标记技术,发现在共生乙酸氧化和 CO_2 还原型产甲烷联合途径中,氢营养型产甲烷菌所利用的碳源来自液相环境中的无机碳。因此,在应用稳定碳同位素标记方法定量分析产甲烷途径时,需考虑外源性无机碳对标记物的"稀释效应"。

(5)在人工厌氧甲烷化系统中,应用 DNA – SIP 技术结合焦磷酸测序鉴别耐胁迫的功能微生物种群,属于创新的研究方法。本文将该技术引入人工厌氧反应器,并进行了方法学探索,其结论对于该技术的发展和应用具有借鉴意义和参考价值。

(6)基于 FISH 技术,分析了嗜乙酸产甲烷菌群在不同胁迫状态和不同产甲烷阶段的空间分布状况,明确了厌氧系统内甲烷化中心的产生位置,为在不均匀体系中优化耐胁迫微生物的生长,减少功能微生物的流失提供了理论依据。本文还提供了不同胁迫状态下产甲烷颗粒污泥内部微生物的空间结构信息。

8.3 后续研究建议

基于甲烷化中心理论的提出,本文采用多角度产甲烷微生态表征方法研究了不同生态因子胁迫下嗜乙酸产甲烷微生物菌群的响应机制,并探索了促进甲烷化中心建立的措施。由于时间限制,下列内容有待于今后进一步的研究。

(1)针对促进胁迫过程中甲烷化启动的措施,本文探索了驯化方法的效果。但驯化周期再进一步延长后,可望使微生物菌群结构变化更加显著。建议进一步延长驯化时间,以促进新的功能微生物种群的富集。

(2)嗜乙酸产甲烷微生物菌群在易降解生物质废物厌氧转化过程中起核心作用。为明确酸和氨胁迫下甲烷化中心的微生物过程机理,本文采用批式实验研究了此微生物类群在环境胁迫下的行为模式。但实际的厌氧消化工艺中,原料为生物质混合物,微生物系统庞大而复杂,在复杂生态因子的影响下,各微生物类群的行为模式可能与简化系统有所差异。因此,为进一步验证本文结论在实际工程中的指导价值,建议在后续研究中,采用典型易降解生物质废物为原料,模拟研究复杂厌氧系统的微生态行为。

(3)根据本文对不同胁迫过程中甲烷化中心形成机制的研究结果,乙酸氧化共生菌群的快速生长是关键。由此提示,通过高度酸/氨胁迫下富集培养或者采用纯菌种构建共生菌群的方式获得高浓度菌种溶液,并对反应器进行接种可望成为缩短甲烷化迟滞期、加速甲烷化启动的有效方法。但由于时间限制,本文尚未对此方法进行研究,建议在后续研究中对其效果进行验证。

(4)根据本文对微生物功能和形态的同步研究结果,发现在胁迫状态下,具有胁迫耐受性的微生物菌群皆趋向缩小细胞间的距离,呈现团簇状聚集式生长,这种特殊的空间分布形态可能降低了极端生态因子对单细胞的胁迫。由此提示,可采用促进微生物附着和细胞间接触的工艺调控方式(如轻微的搅拌振荡、添加悬浮的惰性填料等),以加速新甲烷化中心的形成。建议在以后的研究中进一步验证。

参考文献

［1］ 罗钰翔.中国主要生物质废物环境影响与污染治理策略研究［D］.北京：清华大学,2010.

［2］ 林宗虎.生物质能的利用现况及展望［J］.自然杂志,2010,32(4)：196－201.

［3］ Cornelissen S, Koper M, Deng Y Y. The role of bioenergy in a fully sustainable global energy system［J］. Biomass Bioenerg, 2012, 41：21－33.

［4］ 国家能源局.生物质能发展"十二五"规划.北京,2012.

［5］ 瞿贤.环境因素对生活垃圾产甲烷代谢途径及过程的影响：稳定碳同位素和分子生物表征［D］.上海：同济大学,2007.

［6］ 林丽.中国国情下厌氧消化技术处理城市混合收集生活垃圾可行性研究［D］.成都：西南交通大学,2009.

［7］ De Vrieze J, Hennebel T, Boon N, et al. *Methanosarcina*：the rediscovered methanogen for heavy duty biomethanation［J］. Bioresour Technol, 2012, 112：1－9.

［8］ Chen Y, Cheng J J, Creamer K S. Inhibition of anaerobic digestion process：a review［J］. Bioresour Technol, 2008, 99(10)：4044－4064.

［9］ De Baere L, Mattheeuws B. Anaerobic digestion of the organic fraction of municipal solid waste in Europe-status, experience and prospects［M］// Thomé-Kozmiensky K J, Thiel S. Nietwerder (eds). Waste Management：

Vol. 3 Recycling and Recovery. Nietwerder：TK-Verlag，2012. 517 - 526.

[10] European Environment Agency. Biodegradable municipal waste management ［M］Europe：Technology and market issues. Copenhagen，2002.

[11] 吕凡,何品晶,邵立明,等.易腐性有机垃圾的产生与处理技术途径比较[J]. 环境污染治理技术与设备,2003,4(8)：46 - 50.

[12] 任南琪,赵丹,陈晓蕾,等.厌氧生物处理丙酸产生和积累的原因及控制对策 ［J].中国科学(B辑化学),2002,32(1)：83 - 89.

[13] 吴云.餐厨垃圾厌氧消化影响因素及动力学研究[D].重庆：重庆大学,2009.

[14] 张记市.城市生活垃圾厌氧消化的关键生态因子强化研究[D].昆明：昆明理 工大学,2007.

[15] 李东,孙永明,张宇,等.城市生活垃圾厌氧消化处理技术的应用研究进展 ［J].生物质化学工程,2008,4(42)：43 - 50.

[16] 何品晶,潘修疆,吕凡,等.pH对有机垃圾厌氧水解和酸化速率的影响[J].中 国环境科学,2006,26(1)：57 - 61.

[17] Kayhanian M. Performance of a high-solids anaerobic digestion process under various ammonia concentrations［J］. J Chem Technol Biotechnol， 1994，59(4)：349 - 352.

[18] Lins P，Malin C，Wagner A O，et al. Reduction of accumulated volatile fatty acids by an acetate-degrading enrichment culture［J］. FEMS Microbiol Ecol， 2010，71(3)：469 - 478.

[19] Wang J Y，Liu X Y，Kao J CM，et al. Digestion of pre-treated food waste in a hybrid anaerobic solid-liquid（HASL）system［J］. J Chem Technol Biotechnol，2006，81(3)：345 - 351.

[20] Martin D J，Xue E. The reaction front hypothesis in solid-state digestion： Estimation of minimum size of viable seed body［J］. Appl Biochem Biotechnol，2003，109(1 - 3)：155 - 166.

[21] Lins P，Reitschuler C，Illmer P. Development and evaluation of inocula combating high acetate concentrations during the start-up of an anaerobic

digestion[J]. Bioresour Technol, 2012, 110: 167 - 173.

[22] Westerholm M, Leven L, Schnürer A. Bioaugmentation of syntrophic acetate-oxidizing culture in biogas reactors exposed to increasing levels of ammonia[J]. Appl Environ Microbiol, 2012, 78(21): 7619 - 7625.

[23] Hori T, Haruta S, Ueno Y, et al. Dynamic transition of a methanogenic population in response to the concentration of volatile fatty acids in a thermophilic anaerobic digester [J]. Appl Environ Microbiol, 2006, 72(2): 1623 -1630.

[24] Angelidaki I, Ahring B K. Thermophilic anaerobic digestion of livestock waste: the effect of ammonia[J]. Appl Microbiol Biotechnol, 1993, 38(4): 560 -564.

[25] Fujishima S, Miyahara T, Noike T. Effect of moisture content on anaerobic digestion of dewatered sludge: ammonia inhibition to carbohydrate removal and methane production[J]. Water Sci Technol, 2000, 41(3): 119 - 127.

[26] Gallert C, Bauer S, Winter J. Effect of ammonia on the anaerobic degradation of protein by a mesophilic and thermophilic biowaste population [J]. Appl Environ Microbiol, 1998, 50(4): 495 - 501.

[27] Sung S W, Liu T. Ammonia inhibition on thermophilic anaerobic digestion [J]. Chemosphere, 2003, 53(1): 43 - 52.

[28] Zeeman G, Wiegant W M, Koster-Treffers M E, et al. The influence of the total-ammonia concentration on the thermophilic digestion of cow manure [J]. Agric Wastes, 1985, 14(1): 19 - 35.

[29] Wu D, Lu F, Gao H, et al. Mesophilic bio-liquefaction of lincomycin manufacturing biowaste: the influence of total solid content and inoculum to substrate ratio [J]. Bioresour Technol, 2011, 102(10): 5855 - 5862.

[30] Hedderich R, Whitman W B. Physiology and biochemistry of the methane-producing archaea[M]//Dworkin M, Falkow S, Rosenberg E, et al. (eds). Prokaryotes: A handbook on the biology of bacteria. 3 ed. New York:

Springer，2006. 1050 - 1079.

[31] 钱泽澍，闽航. 沼气发酵微生物学[M]. 杭州：浙江科学技术出版社，1985.

[32] Rittmann B E，Mccarty P L. Environmental biotechnology：Principles and applications[M]. Beijing：Tsinghua University Press，2005.

[33] 任南琪，王爱杰，马放. 产酸发酵微生物生理生态学[M]. 北京：科学出版社，2005.

[34] Demirel B，Scherer P. The roles of acetotrophic and hydrogenotrophic methanogens during anaerobic conversion of biomass to methane：a review [J]. Rev Environ Sci Biotechnol，2008，7(2)：173 - 190.

[35] Negri E D，Mata-Alvarez J，Sans C，et al. A mathematical model of volatile fatty acids（VFA）production in a plug-flow reactor treating the organic fraction of the municipal solid waste（MSW)[J]. Water Sci Technol，1993，27(2)：201 - 208.

[36] Pind P F，Angelidaki I，Ahring B K. Dynamics of the anaerobic process：Effects of volatile fatty acids[J]. Biotechnol Bioeng，2003，82(7)：791 - 801.

[37] Steinberg L M，Regan J M. Response of lab-scale methanogenic reactors inoculated from different sources to organic loading rate shocks [J]. Bioresour Technol，2011，102(19)：8790 - 8798.

[38] Vavilin V A，Qu X，Mazeas L，et al. *Methanosarcina* as the dominant aceticlastic methanogens during mesophilic anaerobic digestion of putrescible waste[J]. Antonie Van Leeuwenhoek，2008，94(4)：593 - 605.

[39] Hattori S. Syntrophic acetate-oxidizing microbes in methanogenic environments[J]. Microbes Environ，2008，23(2)：118 - 127.

[40] Karakashev D，Batstone D J，Trably E，et al. Acetate oxidation is the dominant methanogenic pathway from acetate in the absence of Methanosaetaceae[J]. Appl Environ Microbiol，2006，72(7)：5138 - 5141.

[41] Barker H A. On the biochemistry of the methane fermentation[J]. Arch

Microbiol，1936，7(1 - 5)：404 - 419.

[42] Zinder S H，Koch M. Non-aceticlastic methanogenesis from acetate：acetate oxidation by a thermophilic syntrophic coculture[J]. Arch Microbiol，1984，138(3)：263 - 272.

[43] Stams A J. Metabolic interactions between anaerobic bacteria in methanogenic environments[J]. Antonie Van Leeuwenhoek，1994，66(1 - 3)：271 - 294.

[44] Hattori S，Kamagata Y，Hanada S，et al. *Thermacetogenium phaeum* gen. nov. ，sp. nov. ，a strictly anaerobic，thermophilic，syntrophic acetate-oxidizing bacterium[J]. Int J Syst Evol Microbiol，2000，50 (4)：1601 - 1609.

[45] Lee M J，Zinder S H. Hydrogen partial pressure in a thermophilic acetate-oxidizing methanogenic cocluture[J]. Appl Environ Microbiol，1988，54(6)：1457 - 1461.

[46] Schnürer A，Svensson B H，Schink B. Enzyme activities in and energetics of acetate metabolism by the mesophilic syntrophically acetate-oxidizing anaerobe *Clostridium ultunense*[J]. FEMS Microbiol Lett，1997，154(2)：331 - 336.

[47] Westerholm M. Biogas production through the syntrophic acetate-oxidising pathway：Characterization and detection of syntrophic acetate-oxidising bacteria[D]. Uppsala：Swedish University of Agricultural Sciences，2012.

[48] Schink B. Energetics of syntrophic cooperation in methanogenic degradation [J]. Microbiol Mol Biol Rev，1997，61(2)：262 - 280.

[49] 农业部厌氧微生物重点开放实验室. 产甲烷细菌及其研究方法[M]. 成都：成都科技大学出版社，1997.

[50] Sakai S，Imachi H，Hanada S，et al. *Methanocella paludicola* gen. nov. ，sp. nov. ，a methane-producing archaeon，the first isolate of the lineage "Rice Cluster I"，and proposal of the new archaeal order *Methanocellales*

ord. nov[J]. Int J Syst Evol Microbiol, 2008, 58(4): 929 – 936.

[51] Paul K, Nonoh J O, Mikulski L, et al. "*Methanoplasmatales,*" *Thermoplasmatales*-related archaea in termite guts and other environments, are the seventh order of methanogens[J]. Appl Environ Microbiol, 2012, 78 (23): 8245 – 8253.

[52] Whitman W B, Bowen T L, Boone D R. The methanogenic bacteria[M]// Dworkin M, Falkow S, Rosenberg E, et al. (eds). Prokaryotes: A handbook on the biology of bacteria. 3 ed. New York: Springer, 2006, 165 – 207.

[53] Karakashev D, Batstone D J, Angelidaki I. Influence of environmental conditions on methanogenic compositions in anaerobic biogas reactors[J]. Appl Environ Microbiol, 2005, 71(1): 331 – 338.

[54] Leven L, Eriksson A, Schnürer A. Effect of process temperature on bacterial and archaeal communities in two methanogenic bioreactors treating organic household waste[J]. FEMS Microbiol Ecol, 2007, 59(3): 683 –693.

[55] Liu Y, Whitman W B. Metabolic, phylogenetic, and ecological diversity of the methanogenic archaea[J]. Ann N Y Acad Sci, 2008, 1125(1): 171 – 189.

[56] Ryan P, Forbes C, Colleran E. Investigation of the diversity of homoacetogenic bacteria in mesophilic and thermophilic anaerobic sludges using the formyltetrahydrofolate synthetase gene[J]. Water Sci Technol, 2008, 57(5): 675 – 680.

[57] Nettmann E, Bergmann I, Pramschufer S, et al. Polyphasic analyses of methanogenic archaeal communities in agricultural biogas plants[J]. Appl Environ Microbiol, 2010, 76(8): 2540 – 2548.

[58] Lee M J, Zinder S H. Isolation and characterization of a thermophilic bacterium which oxidizes acetate in syntrophic association with a methanogen and which grows acetogenically on $H_2 - CO_2$[J]. Appl Environ Microbiol,

1988, 54(1): 124 - 129.

[59] Kamagata Y, Mikami E. Diversity of acetotrophic methanogens in anaerobic digestion[M]//Hattori T, Ishida Y, Maruyama Y, et al. (eds). Recent advances in microbial ecology. Tokyo: Japan Scientific Societies Press, 1989, 459 - 464.

[60] Balk M, Weijma J, Stams A J. *Thermotoga lettingae* sp. nov. , a novel thermophilic, methanol-degrading bacterium isolated from a thermophilic anaerobic reactor[J]. Int J Syst Evol Microbiol, 2002, 52(4): 1361 - 1368.

[61] Schnürer A, Schink B, Svensson B H. *Clostridium ultunense* sp. nov. , a mesophilic bacterium oxidizing acetate in syntrophic association with a hydrogenotrophic methanogenic bacterium[J]. Int J Syst Bacteriol, 1996, 46 (4): 1145 - 1152.

[62] Westerholm M, Roos S, Schnürer A. *Syntrophaceticus schinkii* gen. nov. , sp. nov. , an anaerobic, syntrophic acetate-oxidizing bacterium isolated from a mesophilic anaerobic filter[J]. FEMS Microbiol Lett, 2010, 309 (1): 100 - 104.

[63] Westerholm M, Roos S, Schnürer A. *Tepidanaerobacter acetatoxydans* sp. nov. , an anaerobic, syntrophic acetate-oxidizing bacterium isolated from two ammonium-enriched mesophilic methanogenic processes [J]. Syst Appl Microbiol, 2011, 34(4): 260 - 266.

[64] Hori T, Noll M, Igarashi Y, et al. Identification of acetate-assimilating microorganisms under methanogenic conditions in anoxic rice field soil by comparative stable isotope probing of RNA[J]. Appl Environ Microbiol, 2007, 73(1): 101 - 109.

[65] Liu F H, Conrad R. *Thermoanaerobacteriaceae* oxidize acetate in methanogenic rice field soil at 50℃[J]. Environ Microbiol, 2010, 12(8): 2341 -2354.

[66] Gray N D, Sherry A, Grant R J, et al. The quantitative significance of

Syntrophaceae and syntrophic partnerships in methanogenic degradation of crude oil alkanes[J]. Environ Microbiol, 2011, 13(11): 2957 - 2975.

[67] Schwarz J I, Lueders T, Eckert W, et al. Identification of acetate-utilizing *Bacteria* and *Archaea* in methanogenic profundal sediments of Lake Kinneret (Israel) by stable isotope probing of rRNA[J]. Environ Microbiol, 2007, 9 (1): 223 - 237.

[68] Conrad R, Claus P, Casper P. Stable isotope fractionation during the methanogenic degradation of organic matter in the sediment of an acidic bog lake, Lake Grosse Fuchskuhle[J]. Limnol Oceanogr, 2010, 55(5): 1932 - 1942.

[69] Conrad R, Klose M, Claus P, et al. Methanogenic pathway, ^{13}C isotope fractionation, and archaeal community composition in the sediment of two clear-water lakes of Amazonia[J]. Limnol Oceanogr, 2010, 55(2): 689 - 702.

[70] Kotsyurbenko O R, Friedrich M W, Simankova M V, et al. Shift from acetoclastic to H_2-dependent methanogenes is in a West Siberian peat bog at low pH values and isolation of an acidophilic *Methanobactetium* strain[J]. Appl Environ Microbiol, 2007, 73(7): 2344 - 2348.

[71] Mayumi D, Mochimaru H, Yoshioka H, et al. Evidence for syntrophic acetate oxidation coupled to hydrogenotrophic methanogenesis in the high-temperature petroleum reservoir of Yabase oil field (Japan)[J]. Environ Microbiol, 2011, 13(8): 1995 - 2006.

[72] Conrad R, Klose M. Stable carbon isotope discrimination in rice field soil during acetate turnover by syntrophic acetate oxidation or acetoclastic methanogenesis[J]. Geochim Cosmochim Ac, 2011, 75(6): 1531 - 1539.

[73] Huang L N, Zhou H, Zhu S, et al. Phylogenetic diversity of bacteria in the leachate of a full-scale recirculating landfill[J]. FEMS Microbiol Ecol, 2004, 50(3): 175 - 183.

[74] Petersen S P, Ahring B. Acetate oxidation in a thermophilic anaerobic sewage-sludge digestor: the importance of non-aceticlastic methanogenesis from acetate[J]. FEMS Microbiol Ecol, 1991, 86(2), 149 – 158.

[75] Qu X, Vavilin V A, Mazeas L, et al. Anaerobic biodegradation of cellulosic material: Batch experiments and modelling based on isotopic data and focusing on aceticlastic and non-aceticlastic methanogenesis [J]. Waste Manage, 2009, 29(6): 1828 – 1837.

[76] Shigematsu T, Tang Y, Kobayashi T, et al. Effect of dilution rate on metabolic pathway shift between aceticlastic and nonaceticlastic methanogenesis in chemostat cultivation[J]. Appl Environ Microbiol, 2004, 70(7): 4048 – 4052.

[77] Westerholm M, Dolfing J, Sherry A, et al. Quantification of syntrophic acetate-oxidizing microbial communities in biogas processes[J]. Environ Microbiol Rep, 2011, 3(4): 500 – 505.

[78] Schnürer A, Zellner G, Svensson B H. Mesophilic syntrophic acetate oxidation during methane formation in biogas reactors[J]. FEMS Microbiol Ecol, 1999, 29(3): 249 – 261.

[79] Sasaki D, Hori T, Haruta S, et al. Methanogenic pathway and community structure in a thermophilic anaerobic digestion process of organic solid waste [J]. J Biosci Bioeng, 2011, 111(1): 41 – 46.

[80] Shimada T, Morgenroth E, Tandukar M, et al. Syntrophic acetate oxidation in two-phase (acid-methane) anaerobic digesters[J]. Water Sci Technol, 2011, 64(9): 1812 – 1820.

[81] Lay J J, Li Y Y, Noike T. Influences of pH and moisture content on the methane production in high-solids sludge digestion[J]. Water Res, 1997, 31 (6): 1518 – 1524.

[82] Krulwich T A. Alkaliphiles: "basic" molecular problems of pH tolerance and bioenergetics[J]. Mol Microbiol, 1995, 15(3): 403 – 410.

[83] Krulwich T A. Alkaliphilic prokaryotes [M]//Dworkin M, Falkow S, Rosenberg E, et al. (eds). The Prokargotes: an evolving electronic resource for the microbial community. New York: Springer, 2000. 309 – 336.

[84] Krulwich T A, Ito M, Gilmour R, et al. Energetic problems of extremely alkaliphilic aerobes[J]. Biochim Biophys Acta, 1996, 1275(1 – 2): 21 – 26.

[85] Hoehler T, Gunsalus R P, Mcinerney M J. Environmental constraints that limit methanogenesis[M]//Timmis K N (eds). Handbook of hydrocarbon and lipid microbiology. Berlin: Springer Berlin Heidelberg, 2010, 635 – 654.

[86] Krulwich T A. Alkaliphilic prokaryotes [M]//Dworkin M, Falkow S, Rosenberg E, et al. (eds). Prokaryotes: A handbook on the biology of bacteria. 3ed. New York: Springer, 2006, 283 – 308.

[87] Herrero A A, Gomez R F, Snedecor B, et al. Growth inhibition of *Clostridium thermocellum* by carboxylic acids: a mechanism based on uncoupling by weak acids[J]. Appl Microbiol Biotechnol, 1985, 22(1): 53 – 62.

[88] Menzel U, Gottschalk G. The internal pH of *Acetobacterium wieringae* and *Acetobacter aceti* during growth and production of acetic acid [J]. Arch Microbiol, 1985, 143: 47 – 51.

[89] Brul S, Coote P. Preservative agents in foods: Mode of action and microbial resistance mechanisms[J]. Int J Food Microbiol, 1999, 50(1 – 2): 1 – 17.

[90] Sprott G D, Shaw K M, Jarrell K F. Ammonia/potassium exchange in methanogenic bacteria[J]. J Biol Chem, 1984, 259(20): 12602 – 12608.

[91] Sprott G D, Patel G B. Ammonia toxicity in pure cultures of methanogenic bacteria[J]. Syst Appl Microbiol, 1986, 7(2 – 3): 358 – 363.

[92] Sprott G D, Shaw K M, Jarrell K F. Methanogenesis and the K$^+$ transport system are activated by divalent cations in ammonia-treated cells of Methanospirillum hungatei[J]. J Biol Chem, 1985, 260(16): 9244 – 9250.

[93] Hoehler T M. An energy balance concept for habitability[J]. Astrobiology,

2007，7(6)：824 - 838.

[94]　Zinder S. Physiological ecology of methanogens[M]//Ferry J F（eds）. Methanogenesis. New York：Chapman and Hall，1993，128 - 206.

[95]　Horn M A，Matthies C，Kusel K，et al. Hydrogenotrophic methanogenesis by moderately acid-tolerant methanogens of a methane-emitting acidic peat [J]. Appl Environ Microbiol，2003，69(1)：74 - 83.

[96]　Kim I S，Hwang M H，Jang N J，et al. Effect of low pH on the activity of hydrogen utilizing methanogen in bio-hydrogen process[J]. Int J Food Microbiol，2004，29(11)：1133 - 1140.

[97]　Taconi K A，Zappi M E，Todd F W，et al. Feasibility of methanogenic digestion applied to a low pH acetic acid solution[J]. Bioresour Technol，2007，98(8)：1579 - 1585.

[98]　Maestrojuan G，Boone D. Characterization of *Methanosarcina barkeri* MST and 227，*Methanosarcina mazei* S - 6T，and *Methanosarcina vacuolata* Z - 761T[J]. Int J Syst Bacteriol，1991，41(2)：267 - 274.

[99]　Staley B F，de los Reyes F L，Barlaz M A. Effect of spatial differences in microbial activity，pH，and substrate levels on methanogenesis initiation in refuse[J]. Appl Environ Microbiol，2011，77(7)：2381 - 2391.

[100]　Sandberg M，Ahring B K. Anaerobic treatment of fish meal process waste-water in a UASB reactor at high pH[J]. Appl Microbiol Biotechnol，1992，36(6)：800 - 804.

[101]　van Leerdam R C，De Bok F A，Bonilla-Salinas M，et al. Methanethiol degradation in anaerobic bioreactors at elevated pH（8）：Reactor performance and microbial community analysis[J]. Bioresour Technol，2008，99(18)：8967 - 8973.

[102]　Siegert I，Banks C. The effect of volatile fatty acid additions on the anaerobic digestion of cellulose and glucose in batch reactors[J]. Process Biochem，2005，40(11)：3412 - 3418.

[103] Wang Y Y, Zhang Y L, Wang J B, et al. Effects of volatile fatty acid concentrations on methane yield and methanogenic bacteria[J]. Biomass Bioenerg, 2009, 33(5): 848 - 853.

[104] Amani T, Nosrati M, Mousavi S M. Using enriched cultures for elevation of anaerobic syntrophic interactions between acetogens and methanogens in a high-load continuous digester[J]. Bioresour Technol, 2011, 102(4): 3716 - 3723.

[105] Anderson G K, Donnelly T, Mckeown K J. Identification and control of inhibition in the anaerobic treatment of industrial wastewaters[J]. Process Biochem, 1982, 17: 28 - 32.

[106] Fukuzaki S, Nishio N, Nagai S. Kinetics of the methanogenic fermentation of acetate[J]. Appl Environ Microbiol, 1990, 56(10): 3158 - 3163.

[107] Bräuer S L, Yashiro E, Ueno N G, et al. Characterization of acid-tolerant H/CO-utilizing methanogenic enrichment cultures from an acidic peat bog in New York State[J]. FEMS Microbiol Ecol, 2006, 57(2): 206 - 216.

[108] Vankessel J, Russell J B. The effect of pH on ruminal methanogenesis[J]. FEMS Microbiol Ecol, 1996, 20(4): 205 - 210.

[109] Clarens M, Moletta R. Kinetic studies of acetate fermentation by *Methanosarcina* sp. MSTA - 1[J]. Appl Microbiol Biotechnol, 1990, 33(2): 239 - 244.

[110] Lepistö R, Rintala J A. Acetate treatment in 70℃ upflow anaerobic sludge-blanket (UASB) reactors: Start-up with thermophilic inocula and the kinetics of the UASB sludges[J]. Appl Microbiol Biotechnol, 1995, 43(6): 1001 - 1005.

[111] Illmer P, Gstraunthaler G. Effect of seasonal changes in quantities of biowaste on full scale anaerobic digester performance[J]. Waste Manag, 2009, 29(1): 162 - 167.

[112] Jetten M S M, Stams A J M, Zehnder A J B. Methanogenesis from

acetate: a comparison of the acetate metabolism in *Methanothrix soehngenii* and *Methanosarcina* spp[J]. FEMS Microbiol Rev, 1992, 88(3 - 4): 181 - 198.

[113] Raskin L, Poulsen L K, Noguera D R, et al. Quantification of methanogenic groups in anaerobic biological reactors by oligonucleotide probe hybridization[J]. Appl Environ Microbiol, 1994, 60(4): 1241 - 1248.

[114] Liu T, Sung S. Ammonia inhibition on thermophilic aceticlastic methanogens [J]. Water Sci Technol, 2002, 45(10): 113 - 120.

[115] De Baere L A, Devocht M, Van Assche P, et al. Influence of high NaCl and NH$_4$Cl salt levels on methanogenic associations[J]. Water Res, 1984, 18(5): 543 - 548.

[116] Wiegant W M, Zeeman G. The mechanism of ammonia inhibition in the thermophilic digestion of livestock wastes[J]. Agric Wastes, 1986, 16(4): 243 - 253.

[117] Schnürer A, Nordberg A. Ammonia, a selective agent for methane production by syntrophic acetate oxidation at mesophilic temperature[J]. Water Sci Technol, 2008, 57(5): 735 - 740.

[118] Calli B, Mertoglu B, Inanc B, et al. Methanogenic diversity in anaerobic bioreactors under extremely high ammonia levels[J]. Enzyme Microb Technol, 2005, 37(4): 448 - 455.

[119] Calli B, Mertoglu B, Inanc B, et al. Community changes during start-up in methanogenic bioreactors exposed to increasing levels of ammonia[J]. Environ Technol, 2005, 26(1): 85 - 91.

[120] Fotidis I A, Karakashev D, Kotsopoulos T A, et al. Effect of ammonium and acetate on methanogenic pathway and methanogenic community composition[J]. FEMS Microbiol Ecol, 2013, 83(1): 38 - 48.

[121] Ejlertsson J, Karlsson A, Lagerkvist A, et al. Effects of co-disposal of

wastes containing organic pollutants with municipal solid waste-a landfill simulation reactor study[J]. Adv Environ Res, 2003, 7(4): 949-960.

[122] Farquhar G J, Rovers F A. Gas production during refuse decomposition [J]. Water Air Soil Poll, 1973, 2(4): 483-495.

[123] Pohland F G, Cross W, King L W. Codisposal of disposable diapers with shredded municipal refuse in simulated landfills[J]. Water Sci Technol, 1993, 27(2): 209-223.

[124] Epstein I R. The consequences of imperfect mixing in autocatalytic chemical and biological systems[J]. Nature, 1995, 374(6520): 321-327.

[125] Liu T C, Ghosh S. Phase separation during anaerobic fermentation of solid substrates in an innovative plug-flow reactor[J]. Water Sci Technol, 1997, 36(6-7): 303-310.

[126] Vavilin V A, Angelidaki I. Anaerobic degradation of solid material: Importance of initiation centers for methanogenesis, mixing intensity, and 2D distributed model[J]. Biotechnol Bioeng, 2005, 89(1): 113-122.

[127] Vavilin V A, Lokshina L Y, Jokela J P, et al. Modeling solid waste decomposition[J]. Bioresour Technol, 2004, 94(1): 69-81.

[128] Sowers K R, Gunsalus R P. Adaptation for growth at various saline concentrations by the archaebacterium *Methanosarcina thermophila*[J]. J Bacteriol, 1988, 170(2): 998-1002.

[129] Karlsson A, Einarsson P, Schnürer A, et al. Impact of trace element addition on degradation efficiency of volatile fatty acids, oleic acid and phenyl acetate and on microbial populations in a biogas digester[J]. J Biosci Bioeng, 2012, 114(4): 446-452.

[130] Mummey D, Holben W, Six J, et al. Spatial stratification of soil bacterial populations in aggregates of diverse soils[J]. Microb Ecol, 2006, 51(3): 404-411.

[131] Vavilin V A, Shchelkanov M Y, Rytov S V. Effect of mass transfer on

concentration wave propagation during anaerobic digestion of solid waste [J]. Water Res, 2002, 36(9): 2405 - 2409.

[132] Kim M, Ahn Y H, Speece R E. Comparative process stability and efficiency of anaerobic digestion: mesophilic vs. thermophilic[J]. Water Res, 2002, 36(17): 4369 - 4385.

[133] Picioreanu C, Batstone D J, van Loosdrecht M C. Multidimensional modelling of anaerobic granules[J]. Water Sci Technol, 2005, 52(1 - 2): 501 - 507.

[134] Oremland R S, Capone D G. Use of specific inhibitors in biogeochemistry and microbial ecology[J]. Adv Microb Ecol, 1988, 10: 285 - 383.

[135] Zinder S H, Anguish T, Cardwell S C. Selective inhibition by 2-bromoethanesulfonate of methanogenesis from acetate in a thermophilic anaerobic digestor[J]. Appl Environ Microbiol, 1984, 47(6): 1343 - 1345.

[136] Conrad R, Klose M. How specific is the inhibition by methyl fluoride of acetoclastic methanogenesis in anoxic rice field soil? [J] FEMS Microbiol Ecol, 1999, 30(1): 47 - 56.

[137] Janssen P H, Frenzel P. Inhibition of methanogenesis by methyl fluoride: Studies of pure and defined mixed cultures of anaerobic bacteria and archaea [J]. Appl Environ Microbiol, 1997, 63(11): 4552 - 4557.

[138] Conrad R. Quantification of methanogenic pathways using stable carbon isotopic signatures: a review and a proposal[J]. Org Geochem, 2005, 36 (5): 739 - 752.

[139] Fey A, Claus P, Conrad R. Temporal change of ^{13}C-isotope signatures and methanogenic pathways in rice field soil incubated anoxically at different temperatures[J]. Geochim Cosmochim Ac, 2004, 68(2): 293 - 306.

[140] Penning H, Conrad R. Quantification of carbon flow from stable isotope fractionation in rice field soils with different organic matter content[J]. Org Geochem, 2007, 38(12): 2058 - 2069.

[141] Qu X, Mazeas L, Vavilin V A, et al. Combined monitoring of changes in $\delta^{13}CH_4$ and archaeal community structure during mesophilic methanization of municipal solid waste[J]. FEMS Microbiol Ecol, 2009, 68(2): 236 - 245.

[142] Grossin-Debattista J. Isotopic fractionation ($^{13}C/^{12}C$) generated by methanogenesis: Contribution of the understanding of biodegradation processes occurring during anaerobic digestion: application to municipal solid waste anaerobic treatment processes [D]. Bordeaux, France: University Bordeaux 1, 2011.

[143] Hori T, Sasaki D, Haruta S, et al. Detection of active, potentially acetate-oxidizing syntrophs in an anaerobic digester by flux measurement and formyltetrahydrofolate synthetase (FTHFS) expression profiling [J]. Microbiol-SGM, 2011, 157(7): 1980 - 1989.

[144] Miller L G, Kalin R M, Mccauley S E, et al. Large carbon isotope fractionation associated with oxidation of methyl halides by methylotrophic bacteria[J]. Proc Natl Acad Sci U. S. A. , 2001, 98(10): 5833 - 5837.

[145] Conrad R, Klose M, Claus P. Pathway of CH_4 formation in anoxic rice field soil and rice roots determined by ^{13}C-stable isotope fractionation[J]. Chemosphere, 2002, 47(8): 797 - 806.

[146] Chan O C, Claus P, Casper P, et al. Vertical distribution of structure and function of the methanogenic archaeal community in Lake Dagow sediment [J]. Environ Microbiol, 2005, 7(8): 1139 - 1149.

[147] Conrad R, Claus P, Casper P. Characterization of stable isotope fractionation during methane production in the sediment of a eutrophic lake, Lake Dagow, Germany[J]. Limnol Oceanogr, 2009, 54(2): 457 - 471.

[148] Galand P E, Yrjala K, Conrad R. Stable carbon isotope fractionation during methanogenesis in three boreal peatland ecosystems[J]. Biogeosciences, 2010, 7(11): 3893 - 3900.

[149] Nakagawa F, Yoshida N, Sugimoto A, et al. Stable isotope and radiocarbon compositions of methane emitted from tropical rice paddies and swamps in Southern Thailand[J]. Biogeochemistry, 2002, 61(1): 1 - 19.

[150] Hornibrook E, Longstaffe F J, Fyfe W S. Evolution of stable carbon isotope compositions for methane and carbon dioxide in freshwater wetlands and other anaerobic environments[J]. Geochim Cosmochim Ac, 2000, 64(6): 1013 - 1027.

[151] Goevert D, Conrad R. Effect of substrate concentration on carbon isotope fractionation during acetoclastic methanogenesis by *Methanosarcina barkeri* and *M. acetivorans* and in rice field soil[J]. Appl Environ Microbiol, 2009, 75(9): 2605 - 2612.

[152] Cardinale M, Brusetti L, Quatrini P, et al. Comparison of different primer sets for use in automated ribosomal intergenic spacer analysis of complex bacterial communities[J]. Appl Environ Microbiol, 2004, 70(10): 6147 - 6156.

[153] Radajewski S, Mcdonald I R, Murrell J C. Stable-isotope probing of nucleic acids: a window to the function of uncultured microorganisms[J]. Curr Opin Biotechnol, 2003, 14(3): 296 - 302.

[154] Chauhan A, Ogram A. Phylogeny of acetate-utilizing microorganisms in soils along a nutrient gradient in the Florida Everglades[J]. Appl Environ Microbiol, 2006, 72(10): 6837 - 6840.

[155] Neufeld J D, Schafer H, Cox M J, et al. Stable-isotope probing implicates *Methylophaga* spp. and novel *Gammaproteobacteria* in marine methanol and methylamine metabolism[J]. ISME J, 2007, 1(6): 480 - 491.

[156] Li T, Mazeas L, Sghir A, et al. Insights into networks of functional microbes catalysing methanization of cellulose under mesophilic conditions [J]. Environ Microbiol, 2009, 11(4): 889 - 904.

[157] Dumont M G, Murrell J C. Stable isotope probing-linking microbial identity

to function[J]. Nat Rev Microbiol, 2005, 3(6): 499 - 504.

[158] Heid C A, Stevens J, Livak K J, et al. Real time quantitative PCR[J]. Genome Res, 1996, 6(10): 986 - 994.

[159] Hofman-Bang J, Zheng D, Westermann P, et al. Molecular ecology of anaerobic reactor systems[J]. Adv Biochem Eng Biotechnol, 2003, 81: 151 - 203.

[160] Bergmann I. Characterization of methanogenic Archaea communities in biogas reactors by quantitative PCR [D]. Berlin, Germany: Prozesswissenschaften der Technischen Universität Berlin, 2012.

[161] Zhang T, Fang H H P. Applications of real-time polymerase chain reaction for quantification of microorganisms in environmental samples[J]. Appl Environ Microbiol, 2006, 70(3): 281 - 289.

[162] Yu Y, Lee C, Kim J, et al. Group-specific primer and probe sets to detect methanogenic communities using quantitative real-time polymerase chain reaction[J]. Biotechnol Bioeng, 2005, 89(6): 670 - 679.

[163] Yu Y, Kim J, Hwang S. Use of real-time PCR for group-specific quantification of aceticlastic methanogens in anaerobic processes: population dynamics and community structures[J]. Biotechnol Bioeng, 2006, 93(3): 424 - 433.

[164] Lee C, Kim J, Hwang K, et al. Quantitative analysis of methanogenic community dynamics in three anaerobic batch digesters treating different wastewaters[J]. Water Res, 2009, 43(1): 157 - 165.

[165] Song M, Shin S G, Hwang S. Methanogenic population dynamics assessed by real-time quantitative PCR in sludge granule in upflow anaerobic sludge blanket treating swine wastewater [J]. Bioresour Technol, 2010, 101 (Suppl 1): S23 - S28.

[166] Nettmann E, Bergmann I, Mundt K, et al. Archaea diversity within a commercial biogas plant utilizing herbal biomass determined by 16S rDNA

*and mcr*A analysis[J]. J Appl Microbiol，2008，105(6)：1835 - 1850.

[167] Bustin S A. Absolute quantification of mRNA using real-time reverse transcription polymerase chain reaction assays[J]. J Mol Endocrinol，2000，25(2)：169 - 193.

[168] Xu K，Liu H，Du G，et al. Real-time PCR assays targeting formyltetrahydrofolate synthetase gene to enumerate acetogens in natural and engineered environments[J]. Anaerobe，2009，15(5)：204 - 213.

[169] Wong M L，Medrano J F. Real-time PCR for mRNA quantitation[J]. Biotechniques，2005，39(1)：75 - 85.

[170] Springer E，Sachs M S，Woese C R，et al. Partial gene sequences for the A subunit of methyl-coenzyme M reductase (*mcr*I) as a phylogenetic tool for the family *Methanosarcinaceae*[J]. Int J Syst Bacteriol，1995，45(3)：554 - 559.

[171] Steinberg L M，Regan J M. *mcr*A-targeted real-time quantitative PCR method to examine methanogen communities[J]. Appl Environ Microbiol，2009，75(13)：4435 - 4442.

[172] Luton P E，Wayne J M，Sharp R J，et al. The *mcr*A gene as an alternative to 16S rRNA in the phylogenetic analysis of methanogen populations in landfill[J]. Microbiol-SGM，2002，148(11)：3521 - 3530.

[173] Lueders T，Chin K J，Conrad R，et al. Molecular analyses of methyl-coenzyme M reductase alpha-subunit (*mcr*A) genes in rice field soil and enrichment cultures reveal the methanogenic phenotype of a novel archaeal lineage[J]. Environ Microbiol，2001，3(3)：194 - 204.

[174] Lovell C R，Leaphart A B. Community-level analysis：Key genes of CO_2-reductive acetogenesis[J]. Methods Enzymol，2005，397：454 - 469.

[175] Gagen E J，Denman S E，Padmanabha J，et al. Functional gene analysis suggests different acetogen populations in the bovine rumen and tammar wallaby forestomach[J]. Appl Environ Microbiol，2010，76(23)：7785 -

7795.

[176] Mardis E R. The impact of next-generation sequencing technology on genetics[J]. Trends Genet, 2008, 24(3): 133 - 141.

[177] 王兴春,杨致荣,王敏,等. 高通量测序技术及其应用[J]. 中国生物工程杂志,2012,32(1): 109 - 114.

[178] http://www. gsjunior. com/instrument-workflow. php.

[179] Schlüter A, Bekel T, Diaz N N, et al. The metagenome of a biogas-producing microbial community of a production-scale biogas plant fermenter analysed by the 454-pyrosequencing technology[J]. J Biotechnol, 2008, 136 (1 - 2): 77 - 90.

[180] Zhang H, Banaszak J E, Parameswaran P, et al. Focused-Pulsed sludge pre-treatment increases the bacterial diversity and relative abundance of acetoclastic methanogens in a full-scale anaerobic digester[J]. Water Res, 2009, 43(18): 4517 - 4526.

[181] Amann R I, Krumholz L, Stahl D A. Fluorescent-oligonucleotide probing of whole cells for determinative, phylogenetic, and environmental studies in microbiology[J]. J Bacteriol, 1990, 172(2): 762 - 770.

[182] Crocetti G, Murto M, Bjornsson L. An update and optimisation of oligonucleotide probes targeting methanogenic *Archaea* for use in fluorescence in situ hybridisation (FISH)[J]. J Microbiol Methods, 2006, 65(1): 194 - 201.

[183] Rogers S W, Moorman T B, Ong S K. Fluorescent in situ hybridization and micro-autoradiography applied to ecophysiology in soil[J]. Soil Sci Soc Am J, 2007, 71(2): 620 - 631.

[184] Pernthaler A, Pernthaler J, Amann R. Fluorescence in situ hybridization and catalyzed reporter deposition for the identification of marine bacteria [J]. Appl Environ Microbiol, 2002, 68(6): 3094 - 3101.

[185] Wagner M, Nielsen P H, Loy A, et al. Linking microbial community

structure with function: fluorescence in situ hybridization-microautoradiography and isotope arrays[J]. Curr Opin Biotechnol, 2006, 17(1): 83 - 91.

[186] Li T, Wu T D, Mazeas L, et al. Simultaneous analysis of microbial identity and function using NanoSIMS[J]. Environ Microbiol, 2008, 10(3): 580 - 588.

[187] Rastogi G, Sani R K. Molecular techniques to assess microbial community structure, function, and dynamics in the environment [M]//Ahmad I, Ahmad F, Pichtel J (eds). Microbes and microbial technology: Agricultural and environmental applications. New York: Springer, 2011, 29 - 57.

[188] http://www. biovisible. com/indexRD. php? page=fish.

[189] International Organization for Standardization. ISO/DIS 11734. Water quality-Evaluation of the "ultimate" anaerobic biodegradability of organic compounds in digested sludge-Method by measurement of the biogas production[R]. 1995.

[190] Franke-Whittle I H, Goberna M, Insam H. Design and testing of real-time PCR primers for the quantification of *Methanoculleus*, *Methanosarcina*, *Methanothermobacter*, and a group of uncultured methanogens[J]. Can J Microbiol, 2009, 55(5): 611 - 616.

[191] Ritalahti K M, Amos B K, Sung Y, et al. Quantitative PCR targeting 16S rRNA and reductive dehalogenase genes simultaneously monitors multiple *Dehalococcoides* strains[J]. Appl Environ Microbiol, 2006, 72(4): 2765 - 2774.

[192] Loy A, Lehner A, Lee N, et al. Oligonucleotide microarray for 16S rRNA gene-based detection of all recognized lineages of sulfate-reducing prokaryotes in the environment[J]. Appl Environ Microbiol, 2002, 68 (10): 5064 - 5081.

[193] López-Garcia P, López-López A, Moreira D, et al. Diversity of free-living prokaryotes from a deep-sea site at the Antarctic Polar Front[J]. FEMS Microbiol Ecol, 2001, 36(2-3): 193-202.

[194] Raskin L, Stromley J M, Rittmann B E, et al. Group-specific 16SrRNA hybridization probes to describe natural communities of methanogens[J]. Appl Environ Microbiol, 1994, 60(4): 1232-1240.

[195] Dowd S E, Callaway T R, Wolcott R D, et al. Evaluation of the bacterial diversity in the feces of cattle using 16S rDNA bacterial tag-encoded FLX amplicon pyrosequencing (bTEFAP)[J]. BMC Microbiol, 2008, 8(125). doi: 10. 1186/1471-2180-8-125.

[196] Takai K, Horikoshi K. Rapid detection and quantification of members of the archaeal community by quantitative PCR using fluorogenic probes[J]. Appl Environ Microbiol, 2000, 66(11): 5066-5072.

[197] Koppar A, Pullammanappallil P. Single-stage, batch, leach-bed, thermophilic anaerobic digestion of spent sugar beet pulp[J]. Bioresour Technol, 2008, 99(8): 2831-2839.

[198] Anthonisen A C, Loehr R C, Prakasam T B, et al. Inhibition of nitrification by ammonia and nitrous acid[J]. J Water Pollut Control Fed, 1976, 48(5): 835-852.

[199] 何品晶,吕凡,邵立明,等.稳定同位素表征有机物甲烷化代谢动力学[J].化学进展,2009, 21(0203): 540-549.

[200] Whiticar M J, Faber E, Schoell M. Biogenic methane formation in marine and freshwater environments: CO_2 reduction vs. acetate fermentation-isotopic evidence[J]. Geochim Cosmochim Ac, 1986, 50(5): 693-709.

[201] Sakai S, Nakashimada Y, Inokuma K, et al. Acetate and ethanol production from H_2 and CO_2 by *Moorella* sp. using a repeated batch culture [J]. J Biosci Bioeng, 2005, 99(3): 252-258.

[202] Schink B. Energetic aspects of methanogenic feeding webs. in: Wall J D,

Harwood C S, Demain A（eds）. Bioenergy[J]. Washington：American Society for Microbiology, 2008. 171 - 178.

[203] Goldberg R N, Kishore N, Lennen R M. Thermodynamic quantities for the ionization reactions of buffers[J]. J Phys Chem Ref Data, 2002, 31(2)：231 - 370.

[204] Hughes J B, Hellmann J J, Ricketts T H, Bohannan B J. Counting the uncountable statistical approaches to estimating microbial diversity[J]. Appl Environ Microbiol, 2001, 67(10)：4399 - 4406.

[205] Treusch A, Leininger S, Kletzin A, et al. Novel genes for nitrite reductase and Amo-related proteins indicate a role of uncultivated mesophilic crenarchaeota in nitrogen cycling[J]. Environ Microbiol, 2005, 7(12)：1985 - 1995.

[206] Robinson R W, Aldrich H C, Hurst S F, et al. Role of the cell surface of *Methanosarcina mazei* in cell aggregation[J]. Appl Environ Microbiol, 1985, 49(2)：321 - 327.

[207] Xun L, Boone D R, Mah R A. Control of the life cycle of *Methanosarcina mazei* S - 6 by manipulation of growth conditions[J]. Appl Environ Microbiol, 1988, 54(8)：2064 - 2068.

附录 A　厌氧甲烷化中的稳定碳同位素分馏效应

附表 A-1　厌氧产甲烷菌甲烷化过程中的稳定碳同位素分馏效应

代谢途径*	微 生 物	培养温度	α	参 考 文 献
氢营养型甲烷化（H_2/CO_2）	*Methanosarcina barkeri*	40	1.045	Games et al. (1978)[1]
	M. barkeri strain MS	36	1.046	Krzycki et al. (1987)[2]
	Methanobacterium strain MoH	40	1.061	Games et al. (1978)[1]
	M. thermoautotrophicum	65	1.025	Games et al. (1978)[1]
	M. thermoautotrophicum	65	1.034	Fuchs et al. (1979)[3]
	M. fromicicum	34	1.048	Balabane et al. (1987)[4]
	M. fromicicum strain 低氢分压	41	1.069	Zyakun et al. (1988)[5]
	M. fromicicum strain 高氢分压	41	1.021	Zyakun et al. (1988)[5]
	Methanobacterium strain ivanov	37	1.034	Belyaev et al. (1983)[6]
	Methanobacterium strain ivanov	46	1.032	Belyaev et al. (1983)[6]
	Methanococcus vanielii	35	1.071	Botz et al. (1996)[7]
	M. thermolithotrophicus	45	1.064	Botz et al. (1996)[7]
	M. thermolithotrophicus	55	1.066	Botz et al. (1996)[7]
	M. thermolithotrophicus	65	1.059	Botz et al. (1996)[7]
	M. igneus	85	1.057	Botz et al. (1996)[7]
	Methanothermobacter marburgensis (310 Pa H_2)†	65	1.064	Valentine et al. (2004)[8]
	M. marburgensis (80 kPa H_2)†	65	1.031	Valentine et al. (2004)[8]

续　表

代谢途径*	微 生 物	培养温度	α	参 考 文 献
氢营养型甲烷化（H_2/CO_2）	Enrichment from rice soil (*Methanobacterium* spp.)*	30	1.05	Chidthaisong et al. (2002)[9]
	Enrichment from rice roots (*Methanospirillum* spp.)*	30	1.057	Chidthaisong et al. (2002)[9]
甲基营养型甲烷化（甲醇）	*M. barkeri* strain MS	37	1.074	Krzycki et al. (1987)[2]
	Enrichment from marine sediment	30	1.081	Rosenfeld and Silverman (1959)[10]
	Enrichment from marine sediment	23	1.094	Rosenfeld and Silverman (1959)[10]
	Enrichment from marine sediment and sludge	30	1.077	Heyer et al. (1976)[11]
	Enrichment from hypersaline, alkaline Big Soda Lake	20	1.074	Oremland et al. (1982)[12]
甲基营养型甲烷化（三甲胺）	*M. barkeri*	37	1.05	Summons et al. (1998)[13]
	Methanococcoides burtonii	20	1.071	Summons et al. (1998)[13]
乙酸发酵型甲烷化（乙酸）	*M. barkeri* strain MS	37	1.021	Krzycki et al. (1987)[2]
	Methanosarcina strain 47	?	1.027	Zyakun et al. (1988)[5]
	M. barkeri strain 227	37	1.021	Gelwicks et al. (1994)[14]
	Methanosaeta concilii	?	1.018	Chidthaisong et al. (2002)[9]
	Methanosaeta thermophila strain CALS-1	61	1.007	Valentine et al. (2004)[8]
	Methanosaeta concilii DSM 3671	37	1.009	Penning et al. (2006)[15]
	Methanosaeta concilii DSM 3671 （乙酸）[†]	37	1.014	Penning et al. (2006)[15]
	Methanosaeta concilii DSM 3671 （乙酸甲基）[†]	37	1.01	Penning et al. (2006)[15]

续　表

代谢途径*	微　生　物	培养温度	α	参考文献
乙酸发酵型甲烷化（乙酸）	*M. barkeri*（乙酸;消耗量 0～50%)[†]	30	1.03	Goevert and Conrad, (2009)[16]
	M. barkeri（乙酸;消耗量 50%～80%)[†]	30	1.017	Goevert and Conrad, (2009)[16]
	M. barkeri（乙酸甲基;消耗量 0～50%)[†]	30	1.025	Goevert and Conrad, (2009)[16]
	M. barkeri（乙酸甲基;消耗量 50%～80%)[†]	30	1.011	Goevert and Conrad, (2009)[16]
	M. acetivorants（乙酸;消耗量 0～50%)[†]	37	1.035	Goevert and Conrad, (2009)[16]
	M. acetivorants（乙酸;消耗量 50%～80%)[†]	37	1.025	Goevert and Conrad, (2009)[16]
	M. acetivorants（乙酸甲基;消耗量 0～50%)[†]	37	1.024	Goevert and Conrad, (2009)[16]
	M. acetivorants（乙酸甲基;消耗量 50%～80%)[†]	37	1.014	Goevert and Conrad, (2009)[16]
	Enrichment from marine sediment and sludge	30	1.019	Heyer et al. (1976)[11]

注：* 表示环境样品中的产甲烷菌以括号内显示的种群为主;† 表示计算稳定碳同位素分馏效应因子 α 时,以括号内的物质为底物进行计算,消耗量(0～50% 或 50%～80%)表示计算所用数据采集于底物消耗量(0～50% 或 50%～80%)的阶段。

参考文献

[1] Games L M，Hayes J M，Gunsalus R P. Methane-producing bacteria：Natural fractionations of the stable carbon isotopes[J]. Geochim Cosmochim Ac，1978，42(8)：1295 - 1297.

[2] Krzycki J A，Kenealy W R，Deniro M J，et al. Stable carbon isotope fractionation by *Methanosarcina barkeri* during methanogenesis from

acetate, methanol, or carbon dioxide-hydrogen[J]. Appl Environ Microbiol, 1987, 53(10): 2597 - 2599.

[3] Fuchs G, Thauer R, Ziegler H, et al. Carbon isotope fractionation in *Methanobacterium thermoautotrophicum*[J]. Arch Microbiol, 1979, 120 (2): 135 - 137.

[4] Balabane M, Galimov E, Hermann M, et al. Hydrogen and carbon isotope fractionation during experimental production of bacterial methane[J]. Org Geochem, 1987, 11(2): 115 - 119.

[5] Zyakun A M, Bondar V A, Laurinavichus K S, et al. Fractionation of carbon isotopes under the growth of methane-producing bacteria on various substrates[J]. Mikrobiologiceskij Zhurnal, 1988, 50: 16 - 22.

[6] Belyaev S S, Wolkin R, Kenealy W R, et al. Methanogenic bacteria from the bondyuzhskoe oil field: General characterization and analysis of stable-carbon isotopic fractionation[J]. Appl Environ Microbiol, 1983, 45(2): 691 - 697.

[7] Botz R, Pokojski H D, Schmitt M, et al. Carbon isotope fractionation during bacterial methanogenesis by CO_2 reduction[J]. Org Geochem, 1996, 25(3 - 4): 255 - 262.

[8] Valentine D L, Chidthaisong A, Rice A, et al. Carbon and hydrogen isotope fractionation by moderately thermophilic methanogens[J]. Geochim Cosmochim Ac, 2004, 68(7): 1571 - 1590.

[9] Chidthaisong A, Chin K J, Valentine D L, et al. A comparison of isotope fractionation of carbon and hydrogen from paddy field rice roots and soil bacterial enrichments during CO_2/H_2 methanogenesis[J]. Geochim Cosmochim Ac, 2002, 66(6): 983 - 995.

[10] Rosenfeld W D, Silverman S R. Carbon isotope fractionation in bacterial production of methane[J]. Science, 1959, 130(3389): 1658 - 1659.

[11] Heyer J, Hübner H, Maaβ I. Isotopenfraktionierung des Kohlenstoffs bei

der mikrobiellen Methanbildung[J]. Isot environ Healt S, 1976, 12: 202 - 205.

[12] Oremland R S, Marsh L, Desmarais D J. Methanogenesis in big soda lake, Nevada: an alkaline, moderately hypersaline desert lake[J]. Appl Environ Microbiol, 1982, 43(2): 462 - 468.

[13] Summons R E, Franzmann P D, Nichols P D. Carbon isotopic fractionation associated with methylotrophic methanogenesis[J]. Org Geochem, 1998, 28 (7 - 8): 465 - 475.

[14] Gelwicks J T, Risatti J B, Hayes J M. Carbon isotope effects associated with autotrophic acetogenesis[J]. Org Geochem, 1989, 14(4): 441 - 446.

[15] Penning H, Claus P, Casper P, et al. Carbon isotope fractionation during acetoclastic methanogenesis by *Methanosaeta concilii* in culture and a lake sediment[J]. Appl Environ Microbiol, 2006, 72(8): 5648 - 5652.

[16] Goevert D, Conrad R. Effect of substrate concentration on carbon isotope fractionation during acetoclastic methanogenesis by *Methanosarcina barkeri* and *M*[J]. *acetivorans* and in rice field soil. Appl Environ Microbiol, 2009, 75(9): 2605 - 2612.

后 记

　　光阴似箭,岁月如梭。自桃李年华辞别家乡来到上海,求学于同济已近十载。十年前孤身一人步入同济时的茫然,六年前誓投身科研拜师门下时的志忐尚历历在目,而今却已毕业将至,既辞师门。十年青葱岁月,回首历程,求学之路漫漫,何其坎坷艰辛,所幸于同济校园之中结识诸多良师益友,朝夕相处,得助甚多,方能于今日顺利完成学业。感激涕零之余,愧念无以为报,心中着实不安。谨借此寸纸之地,逐一谢之。父母之养、师长之教、兄姊之情、朋友之谊,将谨记于心,没齿难忘。

　　首先,感谢导师何品晶教授多年来的谆谆教诲。同济求学十载,六年师从导师门下。至今仍记得大学课堂之上,导师授课思路之清晰,言语之精辟,引人入胜,令众学生深为叹服。读研之初,拜于名师门下,欣喜之余,心中却有些许志忐,因为自知资质平平,唯恐严师责备学生胸无点墨,非可造之才。然而导师却不以学生愚钝,对我悉心指导,严格要求,于谆谆教诲之中传授知识,以精辟之言点拨迷津。耳提面命之际,学生颇感获益良多。然而,导师亦尝以当头棒喝之法,使我得以茅塞顿开。导师之敦促鼓励,导师之鞭策,使我豁然觉醒,时刻不敢懈怠,也迫使我改变性格弱点,勇于克服重重困难,敢于面对现实。未承导师之教诲,学生不能得安身立命之本,亦不能勘人生得失之幽。

何老师治学严谨，思维细致缜密，工作兢兢业业、一丝不苟，每改学生论文，上至行文构思，下至标点符号，无一不细细览之。至今仍记得导师不顾身体不适，数次为我细心修改第一篇文章的场景。承蒙导师多次点拨指引，数篇文章得以顺利发表。学生自读研以来，累受导师教育之恩。曾记得当年身在欧洲，导师仍心有挂念，曾万里迢迢、千辛万苦为我将实验样品和材料带至法国，使我的课题研究在异国他乡顺利开展。导师当日之叮咛鼓励至今难以忘怀。

何老师高瞻远瞩，为课题组发展和实验室建设规划方向、辛勤耕耘，方形成 IWTR 今日良好的科学研究平台，亦为我的论文课题研究奠定了基础；导师不辞辛苦，在外奔波申请课题，课题组方获得强大的研究资金和项目支持，使我得以专心地进行研究工作；导师在国际学术交流和合作方面的不懈努力，积极开拓创造了 IWTR 与国内外专家和研究机构积极合作的现状，亦使我获得国家公派留学名额得以赴法国国家农业与环境研究所（IRSTEA）进行科研工作。今日之辉煌成就皆凝聚了导师大量心血。六年前导师仍满头黑发，而今已鬓发斑白。其中之辛苦可见一斑。值此论文完成之际，谨向导师致以诚挚敬意和衷心感谢，祝导师身体健康，工作顺利！

感谢邵立明教授一直以来的悉心指导和帮助。课题研究开始之初，您不厌其烦地为我释疑解惑、悉心指点，才使我理清思路，研究得以顺利开展。您知识渊博、贯通古今，每次聆听您品评时事，您透彻独到的见解总能引发我们对诸人诸事更多的思考和感悟。

感谢李国建教授在课题组会议中提出的宝贵意见和建议，您结合自己丰富的工程经验和高深的学术造诣为我们指出研究中的不足，聆听您的指导，使我们受益颇多。

感谢吕凡老师数年如一日对我的耐心指导和支持。吾师、吾姊、吾友，在我眼中，你承担着这样的多重角色。自进入课题组之初，你在科学研究中灵活多变而又极具创新的思维、清晰明了而又精美的 PPT 即给我留下深刻印象。六年之中,你用你对事物敏锐的洞察力、清晰的学术思路和广博的知识循循善诱,带我一层一层拨开迷雾看到事情的本质,每一个实验方案都在与你的讨论中逐渐成形,每一篇文章的发表也都汇集了你的智慧和汗水。每每伤心失意之际,你几句调侃抑或劝慰就能将我的失落轻松赶走。在经历了众多磨难后历练出来的坚强乐观和越来越多的稳重使你变得更加出色。你对科研的专注和对工作的精益求精是我学习的楷模。谢谢你和你的妈妈,怀念回国之初无处可去时,和你们挤在一起温暖的感觉。

感谢章骅老师多次给予我的无私帮助,还记得我的第一篇文章发表之前,你于百忙之中,抽身给我修改文章,且一丝不苟,更显弥足珍贵。你待人谦和、善解人意,事无巨细,皆思虑周详,默默为实验室各项工作的顺利开展做着重要贡献。感谢张波师姐,尽管和你相处的日子不多,但是你带我走进了科研,你拼搏进取的精神让人印象深刻,而你的"传奇"已成为我们的励志故事口口相传。感谢曹江林老师作为我三年的班主任和两年的课题组老师所给予的帮助和指导。

感谢和我一起在实验室努力奋斗过的师弟师妹们,是你们的友情和关爱伴我度过了六年的研究生活。和你们朝夕相处的日子里,我们谈天说地、畅想未来、互相切磋、互勉互励,生活充满了阳光和美丽的色彩,偶尔飘过的乌云也会被你们的支持和鼓励轻轻掠去。感谢师弟李磊在研究工作中给予我的帮助和支持,你的理解和鼓励助我度过了科研生活最困难的时刻。谢谢你常常陪我做实验到很晚,正是在你任劳任怨默默的支持下我才得以在课题开始之初完成大量工作,逐渐从黑暗中看到黎明的曙光。你的聪明勤奋和对生活事业积极进取的态度让我钦佩,衷心祝福你有一个好的前程。感谢师弟朱钰敏在此期间给予的关心和帮助,我们的友谊也是我前进的动力。谢谢管冬兴在实验样品采集和测试中给予的无私帮助,谢谢吴清在分子生物学分析中给予的帮助和理解,你们的加入使我忘却了单调重复实验生活的枯燥,为生活增添了更多的色彩。

感谢林宇澄和季佳琪自进入实验室以来给予的诸多帮助和鼓励。五六岁的年龄差异横跨我们之间却并未形成"代沟",和你们在一起的回忆将永远定格在轻松快乐的欢声笑语之中。祝愿有理想的年轻人心想事成!

感谢我的同门杨娜。那个乐观、开朗、直爽而又热心的师妹常能带给我小小的感动。跟你学习分子生物学技术、和你一起煮饺子过元旦、吃到你带给我的饼干、听着你针砭时弊时的义愤填膺……谢谢你一直以来的信任和关心。感谢吴铎给予我无私的帮助和支持,至今还记得第一次在课题组会议汇报实验方案前,你和杨娜听我讲 PPT 帮我修正错误的情景,谢谢你在我遇到困难时屡次给予的安慰和鼓励,能够有幸曾经跟你们一起同甘共苦是我今生莫大的福气。感谢尚在实验室奋斗的张继宁、范世锁、王天烽、方晶晶、郑苇、夏溢、王思佳、冯松,是你们给我在博士研究生最后阶段的奋斗鼓劲加油,你们的热情友善化解了长时期论文写作带来的苦闷烦躁,伴随我度过最后半年的学生时光。

感谢已经离开课题组的师兄师姐:瞿贤、赵玲、余光辉、张冬青、张后虎、吴骏、徐华成、徐苏云、何培培、朱敏、郭敏、邵正浩、孔祥锐、徐颂、冯佳、曾阳,谢谢你们的宽容、照顾和实验技术的传授;感谢和我同期进入实验室的同门:於林中、金泰峰、吴长淋、邱伟坚、方文娟、仲跻胜、诸一姝、庞蕾、韩竞耀、陈淼,谢谢你们陪伴我度过硕士研究生阶段的时光;感谢已经毕业的师弟师妹:赵有亮、姚倩、马忠贺、王冠钊、李敏、顾伟妹、张宗兴、姚其生、何啸、毛斌、王晓翼。感谢仍在实验室奋斗的柴丽娜、李天水、彭伟、罗承皓、王玉婧、周琪、莫群青、蔡涛、戚玉娇和身在法国求学的王芳、陈丹砚。

感谢 IRSTEA 的 Théodore Bouchez 博士和 Laurent Mazeas 博士一年多来对我的悉心指导和照顾。身处异国他乡，语言不通，是你们的关怀和鼓励给予我战胜困难的信心和勇气。从出国前各种材料的准备，到法国后一些生活事宜和手续的安排，从实验技术的传授、研究思路的点拨，到数据分析的指导，每一次你们都亲力亲为。感谢你们为我付出的宝贵时间和精力。感激之余，佩服你们活跃的学术思想、敏锐的洞察力和严谨求实的治学态度、一丝不苟的工作作风。

感谢 IRSTEA 的 Olivier Chapleur、Nelly Badalato、Ariane Bize、Laetitia Cardona、Elie Desmond、Julien Grossin-Debattista、Celine Madigou、Anne Goubet、Grégory Marandat 为我在法国期间研究工作提供的技术指导和帮助。特别感谢 Grégory Marandat 在我回国后仍耐心回答我的各种问题。感谢 Chrystelle Bureau、Angeline Guenne、Nina Pourette 为我课题研究中实验装置和试剂的准备、液体样品指标以及气体样品稳定碳同位素比值测试所提供的帮助。感谢美丽的德国姑娘 Marieke Hoffmann 在我离开后无私地帮我完成剩余工作。

感谢善良的胡洁师妹，你在法国期间给予的帮助和关心对我来说真的是"雪中送炭"，让我战胜了初到法国时的种种不适应，迅速开始新的生活。感谢郁醇师妹在我碰到困难时认真回答我的各种问题并帮我出谋划策，你的细心和热情给予我温暖。

感谢母校同济大学为我提供了优越的学习、生活环境和优质的教育资源。十年间所受母校名师之教诲、文化之熏陶必将成为我一生的财富。感谢同济大学环境科学与工程学院和污染与控制国家重点实验室提供良好的学术氛围和支撑平台。感谢 2009 级春博同学三年来对我的帮助。

感谢父母的养育之恩，享受了你们无微不至的关怀和无私的奉献，才有了我这 29 年的健康成长。感谢姐姐的关怀、支持和理解，有你在母亲身边照料，我才可能负笈求学至今。感谢叔叔、婶婶多年来的照顾。你们的辛苦、你们的关怀、信任和支持是我努力前行的最大动力。

感谢国家自然科学基金项目"固相厌氧消化高浓度有机酸环境下甲烷化中心扩展机理研究"（编号 50708069）、"基于稳定同位素示踪的高浓度乙酸降解微生态功能识别"（编号 51178327）、"木质纤维素在厌氧消化环境下酶可结合位点的构象与活化"（编号 50878166）和上海市优秀学科带头人计划项目"城市废弃生物质生物转化资源利用关键技术"（编号 10XD1404200）的项目资助，以及国家建设高水平大学公派研究生项目对我在法国学习期间生活上的资助。

郝丽萍